T ゼロからはじめる【マイクロソフトチームズ】

Microsoft Teams
チームズ

基本&便利技

リンクアップ 著

技術評論社

CONTENTS

第 1 章

Teams のキホン

Section 01　**Teamsとは** … 8
Section 02　**Teamsを利用するには** … 10
Section 03　**Teamsのライセンス** … 12
Section 04　**デスクトップ版とブラウザー版の違い** … 14
Section 05　**チームとチャネルについて** … 16

第 2 章

チームに参加する

Section 06　**招待メールでチームに参加する** … 18
Section 07　**アカウントを初期設定する** … 20
Section 08　**アプリをインストールする** … 24
Section 09　**プロフィールを編集する** … 26
Section 10　**基本画面を確認する** … 28

第 3 章

コミュニケーションをする

Section 11　**チャネルに参加する** … 32
Section 12　**メッセージを読む** … 34
Section 13　**メッセージを送信する** … 35
Section 14　**メッセージを装飾する** … 38
Section 15　**重要なメッセージにマークを付けて送る** … 40
Section 16　**ファイルを送信する** … 42
Section 17　**チーム全員に緊急のお知らせを送る** … 44

Section 18	特定の相手にメッセージを送る	46
Section 19	メッセージを検索する	48
Section 20	「いいね!」でかんたんに返事する	50
Section 21	メッセージを保存する	52
Section 22	チャットで1対1のやり取りをする	54
Section 23	在席状況を変更する	56

第4章
ビデオ会議をする

Section 24	ビデオ会議とは	60
Section 25	ビデオ会議を開催する	62
Section 26	カメラやマイクのオン／オフを切り替える	64
Section 27	ビデオ会議を録画する	66
Section 28	会議中の背景を変更する	68
Section 29	ビデオ会議中にチャットする	70
Section 30	パソコンの画面を共有する	72
Section 31	ホワイトボードを共有する	74
Section 32	会議の参加状況を確認する	76
Section 33	ビデオ会議中に手を挙げる	78

第5章
使いやすく設定する

Section 34	アプリの見た目を変更する	80
Section 35	アプリの自動起動を切り替える	81

CONTENTS

Section 36　チームやチャネルの表示を整理する ································· 82

Section 37　通知を設定する ··· 84

Section 38　チャットを別ウィンドウで表示する ······························· 86

Section 39　2段階認証を設定してセキュリティを強化する ·················· 88

第 6 章
チャネルでチーム内の話題を整理する

Section 40　チャネルを作成する ·· 92

Section 41　プライベートチャネルを作成する ···································· 94

Section 42　プライベートチャネルにメンバーを追加する ···················· 96

Section 43　チャネルを編集する ·· 98

Section 44　チャネルの投稿を制限する ·· 100

Section 45　チャネルを削除する ·· 102

第 7 章
アプリと連携する

Section 46　アプリ連携のメリット ·· 104

Section 47　Officeファイルを共同編集する ·· 106

Section 48　Outlookでメッセージを送信する／会議を予約する ············· 108

Section 49　OneNoteでメモを共有する ··· 110

Section 50　サードパーティ製のアプリと連携する ······························ 112

第 8 章
プロジェクトごとにチームを作成する

Section 51　組織にメンバーを追加する ·· 118

Section **52** チームを新規作成する ································· **120**

Section **53** チームにメンバーを追加する ····················· **122**

Section **54** 組織のメンバーを削除する ······················· **124**

Section **55** チームのメンバーを削除する ····················· **126**

Section **56** チームのメンバーの役割を変更する ··············· **128**

Section **57** 使い終わったチームをアーカイブする ············· **130**

第 9 章
スマートフォンやタブレットで利用する

Section **58** Teamsモバイルアプリを利用する ················· **132**

Section **59** アプリをインストールする ······················· **134**

Section **60** アプリの基本画面を確認する ····················· **136**

Section **61** メッセージを投稿する ··························· **138**

Section **62** メッセージに返信する ··························· **140**

Section **63** 通知設定を変更する ····························· **142**

Section **64** 在席状況を変更する ····························· **144**

第 10 章
疑問・困った解決 Q&A

Section **65** アプリをすばやく操作したい! ··················· **146**

Section **66** 未読メッセージをすばやく確認したい! ············· **148**

Section **67** ファイルやWebサイトをすばやく開きたい! ········· **149**

Section **68** 誤ってメッセージを送ってしまった! ··············· **150**

Section **69** 会議を円滑に進めるコツを知りたい! ··············· **151**

5

Section **70**	応答不可の状態でも通知を受け取りたい！	**152**
Section **71**	会議のときにマイクがハウリングする！	**154**
Section **72**	パスワードを忘れてしまった！	**155**
Section **73**	無料版から有料版にアップグレードしたい！	**156**

ご注意：ご購入・ご利用の前に必ずお読みください

●本書に記載した内容は、情報の提供のみを目的としています。したがって、本書を用いた運用は、必ずお客様自身の責任と判断によって行ってください。これらの情報の運用の結果について、技術評論社および著者、アプリの開発者はいかなる責任も負いません。

●ソフトウェアに関する記述は、特に断りのない限り、2020年8月現在での最新バージョンをもとにしています。ソフトウェアはバージョンアップされる場合があり、本書での説明とは機能内容や画面図などが異なってしまうこともあり得ます。あらかじめご了承ください。

●本書は以下の環境で動作を確認しています。ご利用時には、一部内容が異なることがあります。あらかじめご了承ください。
端末 ： iPhone Xs（iOS 13.4）、Xperia 1 Ⅱ（Android 10）
パソコンのOS ： Windows 10

●インターネットの情報については、URLや画面などが変更されている可能性があります。ご注意ください。

以上の注意事項をご承諾いただいたうえで、本書をご利用願います。これらの注意事項をお読みいただかずに、お問い合わせいただいても、技術評論社は対処しかねます。あらかじめ、ご承知おきください。

■本書に掲載した会社名、プログラム名、システム名などは、米国およびその他の国における登録商標または商標です。本文中では、™、®マークは明記していません。

第 **1** 章

Teamsのキホン

Section **01**	Teamsとは
Section **02**	Teamsを利用するには
Section **03**	Teamsのライセンス
Section **04**	デスクトップ版とブラウザー版の違い
Section **05**	チームとチャネルについて

第1章 | Teamsのキホン

Section 01 Teamsとは

Teamsは、マイクロソフトが提供しているチャットや通話ができるコミュニケーションアプリです。テレワークが話題になるなか、仕事上のコミュニケーションツールの1つとして注目されています。

Teamsとは

昨今、新しい働き方として「テレワーク」が話題を集めています。テレワークは「tele」(離れた場所)と「work」(働く)を組み合わせた造語で、場所や時間にとらわれない柔軟な働き方を意味します。最近では、新型コロナウイルス感染予防対策としても、テレワークが多くの企業で実施されました。

テレワークを行ううえでよく利用されているのが、チャットツールやビデオ会議ツール、クラウドストレージなどのサービスです。これらはさまざまな企業が独自のサービスを提供していますが、一つ一つアプリケーションをダウンロードしたり、アカウントを作成したりするのは面倒です。そこで、「Teams」(チームズ)の導入を検討してみましょう。

Teamsとは、マイクロソフトが提供するグループウェアツールです。Microsoft 365に含まれているサービスであり、Microsoftアカウントを持っていれば誰でも使うことができます。Outlookをはじめとした、Microsoft Officeアプリとの連携が非常にスムーズで、有料プラン(P.156参照)ではマイクロソフトが提供しているクラウドサービスの「OneDrive」を利用することも可能です。

https://www.microsoft.com/ja-jp/microsoft-365/microsoft-teams/group-chat-software

Teamsの特徴

Teamsの特徴は、Microsoftアプリとの連携がかんたんに行えることです。Teamsのサービス自体は無料で利用することができますが、Microsoft 365のパッケージプランを契約している場合は、Microsoft Officeアプリを使いながらTeamsも利用することができるので、ビジネスで使う場合はこちらを利用する場合が多いでしょう。また、ほかのコミュニケーションアプリとの最大の違いは、約40の言語に対応している点です。海外に支社がある企業や、外国人の社員が多い企業にとっては非常に有用なツールといえます。

●Microsoft Officeとの連携

Teamsから直接Word、Excel、PowerPointなどのMicrosoft Officeアプリにアクセスすることができます。また共有の作業をすることもできます。

●無料で使うこともできる

Teamsには無料プランがあり、チャットやビデオ通話など、テレワークで必要な操作を行うことができます。Microsoft 365のパッケージプランに契約していると、ほかにもさまざまな機能を使うことができます。

●海外の言語にも対応

Teamsのチャットには言語翻訳機能が付いており、海外の社員や取引先との打ち合わせなどもスムーズに行うことができます。ニュアンスが伝わりづらい場合のために、ステッカーやGIFアニメなどの機能も付いています。

●管理・セキュリティ機能

サポート機能や2段階認証などの管理・セキュリティ機能のほかにも、Teams内でやり取りしたデータを即座に暗号化したり、会議内でのコンテンツ利用を参加者ごとに管理したりすることができます。

アプリケーションどうしの連携ができる

Teamsはサードパーティ製のアプリとも連携することができるので、すでに利用しているアプリを連携させておくとスムーズに業務を進めることができます。連携できるアプリは2020年7月現在で180種類以上あります。クラウドサービスやタスク管理アプリなど、多岐に渡るので業務をかんたんに管理することができます。

クラウドサービス「Dropbox」

https://www.dropbox.com/

第1章 | Teamsのキホン

Section 02

Teamsを利用するには

Teamsを利用するには、まずMicrosoftアカウントを作成する必要があります。すでにMicrosoft 365を利用している場合は、そのアカウントでTeamsを利用することもできます。

Microsoftアカウントとは

Microsoftアカウントとは、マイクロソフトの製品やサービスを利用するために必要なアカウントです。アカウントを作成すると、Microsoft Officeアプリの「Outlook」で使うことのできる「…@outlook.jp」のメールアドレスを取得することができますが、フリーメールなどすでに自分が使っているメールアドレスをアカウントとして登録することもできます。
Microsoftアカウントには無料と有料のものがあります。WordやExcelをはじめとしたマイクロソフトの多くのサービスは、有料プランのアカウントのみ使うことができます。しかし、Teamsは無料のアカウントでも使うことができます。そのため、Microsoftアカウントを持っていない場合は、まずは無料のアカウントを作成しましょう(Sec.07参照)。すでにアカウントを持っている場合は、そのアカウントでサインインすると使うことができます。

http://account.microsoft.com/

Teamsを利用できる端末

Teamsには、パソコンで利用できる「デスクトップクライアント」、Webブラウザーで利用できる「Webクライアント」、スマートフォンやタブレットで利用できる「モバイルクライアント」があります。デスクトップ版とブラウザー版は、WindowsパソコンのほかにもMacやLinuxを搭載したパソコンでも利用することができます。モバイル版は、AndroidスマートフォンとiPhoneの両方で利用することができます。ブラウザー版は「Microsoft Edge（RS2以降）」、「Microsoft Edge（Chromiumベース）の最新バージョンと、その前の2つのバージョン」、「Google Chromeの最新バージョンと、その前の2つのバージョン」で利用することができます。Macで標準搭載されている「Safari」については、「Safari 13以降」で利用可能です（一部制限あり。Sec.04参照）。それ以外のブラウザーについては2020年7月現在ではサポートされていないので利用することができません。

Windowsパソコンでは、デスクトップ版と一部のブラウザー版で利用可能。

Macでは、デスクトップ版とブラウザー版が利用可能。しかし、標準で搭載されているブラウザーの「Safari」はサポートされていないので、Google Chromeなどを使用する必要がある。

AndroidスマートフォンやiPhone、タブレットでは、対応しているモバイル版のアプリをインストールすることで利用可能。

第1章 | Teamsのキホン

Section 03 Teamsのライセンス

Teamsにはライセンスがあり、契約しているライセンスによって使える機能やサービスが異なります。まずは無料版で試してみてから、有料ライセンスを契約してもよいでしょう。

Teamsのライセンスとは

Teamsのライセンスは、Microsoft 365のサブスクリプション型のユーザーライセンスとなっています。ライセンスを取得しないとTeamsを利用することができません。しかし、次ページの表にもあるように、無料のライセンスもあるので、試しに使ってみたいという場合は、まずは無料版を利用しましょう。テレワーク向けの法人プランは、ユーザーごとに年間契約の月額料金がかかりますが、その分サービスも充実しています。とくに、「Microsoft 365 Business Standard」や「Microsoft 365 E3」には、さまざまなMicrosoft Officeアプリが利用できるライセンスも付いているので、ビジネスとしてTeamsの利用を考えている場合は、こちらのライセンスを契約するとよいでしょう。なお、すでにMicrosoft 365のライセンス契約をしている場合は、追加の契約なしでTeamsの有料プランを利用できます。

https://www.microsoft.com/ja-jp/microsoft-365/business/compare-all-microsoft-365-business-products

	Microsoft 365 Business Basic	Microsoft 365 Business Standard	Microsoft 365 E3	Microsoft Teams
おすすめ用途	中小企業向けプラン		大企業向けプラン	試用プラン
料金（月額換算、税別）	540円	1,360円	3,480円	無料
最大ユーザー数	300人		無制限	300人
ファイル共有可能データ	組織全体で1TB（ライセンスごとに10GBがさらに追加されていく）			1ユーザーあたり2GBと共有ストレージ10GB
Webブラウザーでの Officeアプリの利用	○	○	○	○
デスクトップ版 Officeアプリの利用	×	○	○	×
Office 365 追加サービス	○	○	○	×
通常の電話番号との通話	×	×	○	×
電話やWebでのサポート	○	○	○	×
サービス保証	○	○	○	×

※上記のほかにもさまざまなプランがあります。

第1章 | Teamsのキホン

Section 04

デスクトップ版とブラウザー版の違い

Teamsにはパソコンで利用する場合、デスクトップ版とブラウザー版の2種類あります。どちらも操作性はほぼ一緒ですが、ブラウザー版には一部使えない機能がある場合があります。

デスクトップ版Teams

デスクトップ版のTeamsは、契約しているライセンスにもよりますが、ほぼすべての機能を使うことができます。アプリをインストールする必要がありますが、Teamsを今後も使っていこうと考えている場合は、デスクトップ版を導入することをおすすめします。デスクトップ版のメリットを挙げると、まずはアプリを自動起動に設定することができるので、パソコンの電源を入れれば自動的にデスクトップ版Teamsが起動します。また、ビデオ会議が利用可能です。ブラウザー版でもビデオ会議は利用できますが、ブラウザーによっては制限があります（P.15参照）。そのほかにもコマンドを使えるなどさまざまな利点があります（Sec.65参照）。なお、本書ではデスクトップ版Teamsの画面で解説をしています。

● デスクトップ版Teamsの画面

ブラウザー版Teams

ブラウザー版のTeamsは、デスクトップ版Teamsと画面の相違はほぼありませんが、アプリをインストールする必要がないというメリットがあります。また、デスクトップ版はアプリが立ち上がるまでに時間がかかりますが、ブラウザー版はブラウザーさえ起動していればすぐにTeamsを開くことができます。しかし、使っているブラウザーによっては機能が制限される場合があるので、ブラウザー版での利用を検討する際は、あらかじめ確認しておきましょう。詳しくは下記の表を参照してください。

●ブラウザー版Teamsの画面

	Microsoft Edge (RS2以降)	Internet Explorer	Firefox	Safari 13以降
制限されている機能など	送信共有はサポート対象外です。	Teams会議へ参加することができません。1対1の音声ビデオ通話をすることができません。	Teams会議へ参加することができません。1対1の音声ビデオ通話をすることができません。	1対1の音声ビデオ通話をすることができません。送信共有はサポート対象外です。

第1章 | Teamsのキホン

Section 05 チームとチャネルについて

Teamsには「チーム」と「チャネル」という2つの種類のグループがあります。構造としては、チームの方が大きい単位になっており、その中に複数のチャネルを作成できるといったものになっています。

チームとチャネルの違い

Teamsのチームとは、部署やオフィスなど、大きな単位でまとめられたグループです。Teamsで作業するときは、まずチームを作成して大きなまとまりを作るとよいでしょう。Teamsでのチームの画面では、チームごとにチャットやファイルのやり取りの情報をみることができます。なお、グループよりもさらに大きな単位が「組織」です。
一方チャネルとは、チーム内でさらに細かくわけたグループとなります。同じ部署でもプロジェクトごとや、さらに細かいグループごとにわけたり、話題を整理したりするためにチャネルを作成します。
チームとチャネルの階層構造によって、グループが管理しやすくなっており、自分に関係のあるチームやチャネルを中心に内容を確認しておくことができます。そうすることによって、グループ内での情報共有や対応などをスムーズに行うことができます。詳しい解説については、チームは第8章、チャネルは第6章を参照してください。

●チームとチャネルの階層構造

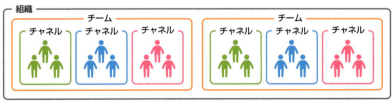

第 **2** 章

チームに参加する

Section **06**	招待メールでチームに参加する
Section **07**	アカウントを初期設定する
Section **08**	アプリをインストールする
Section **09**	プロフィールを編集する
Section **10**	基本画面を確認する

第2章 | チームに参加する

Section
06

招待メールでチームに参加する

Teamsのチームに招待されると、招待メールが届きます。Microsoftアカウントを持っていればすぐに参加できますが、持っていない場合でも、メール内のリンクをクリックすることでかんたんに作成できます。

招待メールでチームに参加する

① 招待メールが届いたら、メール内の<Join Teams>をクリックします。なお、すでにMicrosoftアカウントを持っている場合は、パスワードを入力後にP.19手順⑥の画面が表示されます。

② <次へ>をクリックします。

③ パスワードを入力して、<次へ>をクリックします。

18

④ メールアドレスに届いた コードを入力して、<次へ>をクリックします。

⑤ 画像内に表示されている文字を入力し、<次へ>をクリックします。

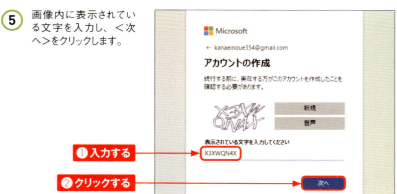

⑥ アクセス許可に関する画面が表示されたら、内容を確認して<承諾>をクリックし、Sec.08を参考にアプリをインストールしましょう。

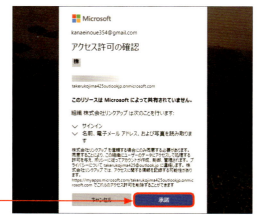

第2章 | チームに参加する

Section 07 アカウントを初期設定する

Teamsの利用には、Microsoftアカウントが必要です。ここではMicrosoftアカウントを作成し、Teamsのアカウントを設定するまでの手順を解説します。なお、すでにMicrosoftアカウントを持っている場合、すぐにTeamsを利用できます。

Microsoftアカウントを作成する

① Webブラウザーに「https://account.microsoft.com/」と入力して、Enterを押します。

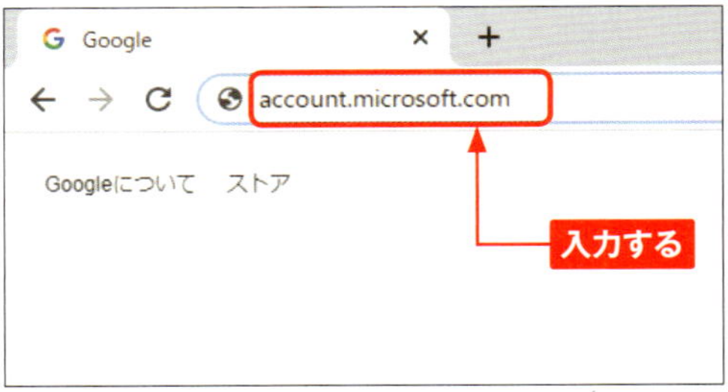

② ＜Microsoftアカウントを作成＞をクリックします。

③ ＜新しいメールアドレスを取得＞をクリックします。

20

(4) 任意のメールアドレスを入力して、<次へ>をクリックします。

① 入力する
② クリックする

(5) パスワードを入力して、<次へ>をクリックします。

① 入力する
② クリックする

(6) 画像内に表示されている文字を入力し、<次へ>をクリックすると、Microsoftアカウントが作成されます。

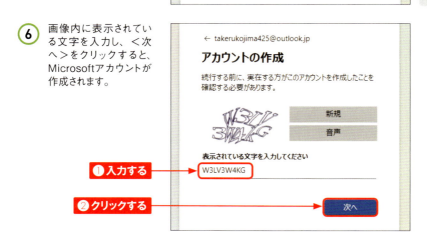

① 入力する
② クリックする

第2章 チームに参加する

🔵 Teamsアカウントを設定する

(1) WebブラウザーでTeamsの公式サイト（https://www.microsoft.com/ja-jp/microsoft-365/microsoft-teams/group-chat-software）にアクセスし、＜無料でサインアップ＞をクリックします。

(2) P.20 ～ 21で設定したメールアドレスを入力し、＜次へ＞をクリックします。

(3) 使用方法で＜仕事向け＞をクリックして選択し、＜次へ＞をクリックします。

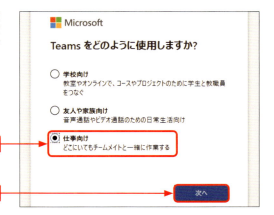

④ 名前や会社名などを入力し、＜Teamsのセットアップ＞をクリックすると、アカウント設定が完了します。

⑤ ＜Windowsアプリをダウンロード＞をクリックするとアプリをダウンロードでき（Sec.08参照）、＜代わりにWebアプリを使用＞をクリックするとブラウザー版を利用できます。

Memo すでにMicrosoftアカウントを持っている場合

すでにMicrosoftアカウントを持っている場合は、P.22手順①の画面で＜サインイン＞をクリックします。Microsoftアカウントを入力して＜次へ＞をクリックし、パスワードを入力して＜サインイン＞をクリックすると、Teamsを利用できるようになります。

第2章 | チームに参加する

Section 08 アプリをインストールする

Teamsにはブラウザー版とデスクトップ版があります。Teamsを最大限に活用するためにはデスクトップ版の利用がおすすめです。ここではデスクトップ版アプリのインストール方法を解説します。

デスクトップ版アプリをダウンロードする

① P.23手順⑤の画面で<Windowsアプリをダウンロード>をクリックします。

クリックする → Windows アプリをダウンロード

② ダウンロードとインストールが始まります。インストールが終わったら、ポップアップをクリックします。

ダウンロード後に Teams をインストールします。

アプリを開くと、自動的に会議に参加します。

クリックする → Teams_windows_x....exe

Memo 公式サイトからダウンロードする

P.22手順①の画面で<Teamsをダウンロード>→<デスクトップ版をダウンロード>→<Teamsをダウンロード>の順にクリックすることでもアプリをインストールできます。

(3) デスクトップ版のTeamsが起動するので、Microsoftアカウントを入力して、<サインイン>をクリックします。

(4) パスワードを入力して、<サインイン>をクリックします。

(5) 初回起動時は招待リンクのダイアログボックスが表示されます。必要に応じてコピーし、<OK>をクリックして完了です。

第2章 | チームに参加する

Section 09 プロフィールを編集する

アプリをインストールしたら、プロフィールを編集してみましょう。Teamsで使用する名前のほか、プロフィールアイコンを変更できます。ひと目で自分だとわかるプロフィールアイコンにしておくとよいでしょう。

プロフィールアイコンを編集する

(1) 画面右上のプロフィールアイコンをクリックします。

クリックする

(2) ＜プロフィールを編集＞をクリックします。

クリックする

③ 名前やプロフィールアイコンを編集できます。ここでは＜画像をアップロード＞をクリックします。

④ 任意の画像をクリックし、＜開く＞をクリックします。

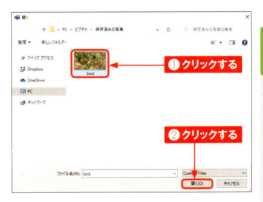

⑤ ＜保存＞をクリックすると、プロフィールアイコンが更新されます。

第2章 | チームに参加する

Section 10 基本画面を確認する

Teamsにサインインしたら、基本画面を確認しましょう。メニューバーの各画面も解説しています。なお、メニューバーはドラッグすることで位置を入れ替えることができます。

Teamsの画面構成

❶メニューバー	各メニューにアクセスできます（P.29～30参照）。
❷チームリスト	参加しているチームやチャネルが表示されます。
❸チャット	新しいチャットを作成できます。
❹検索	ユーザーやキーワードなどを検索できます。
❺プロフィールアイコン	プロフィールの編集や各種設定が行えます。
❻タブ	アプリやファイルをタブとして追加できます。
❼ワークスペース	内容を投稿したり、投稿された内容を見たりできます。

メニューバーの各画面

●最新情報

メニューバーの＜最新情報＞をクリックすると、メンションや投稿した内容への返信、着信、チームへの招待など、新着情報が表示されます。表示される数値は届いている通知の数です。

●チャット

メニューバーの＜チャット＞をクリックすると、相手を指定して個別にやり取りすることができます。テキストや絵文字のほか、ファイルやGIF画像を送ることも可能です。チャット画面から通話を発信することもできます。

●チーム

メニューバーの＜チーム＞をクリックすると、参加しているチームやチャネルが表示されます。チームやチャネルを作成したり、メンバーを招待したり、チーム内のメンバーとやり取りしたりすることができます。

第2章 チームに参加する

29

●会議

メニューバーの<会議>をクリックし、<今すぐ会議>をクリックすると、その場で会議を開始できます。<会議をスケジュールする>をクリックするとリンクを作成でき、そのリンクを共有することで指定した日時に会議を開催できます。

●通話

メニューバーの<通話>をクリックすると、Teamsを利用しているユーザーどうしで音声通話ができます。複数人と通話したり、ビデオ通話に切り替えたりすることも可能です。

●ファイル

メニューバーの<ファイル>をクリックすると、チーム内のメンバー全員が同じファイルにアクセスできるようになります。「Dropbox」、「Box」、「ShareFile」、「Google Drive」のクラウドストレージを追加できるようになっています。

第3章

コミュニケーションをする

Section **11**	チャネルに参加する
Section **12**	メッセージを読む
Section **13**	メッセージを送信する
Section **14**	メッセージを装飾する
Section **15**	重要なメッセージにマークを付けて送る
Section **16**	ファイルを送信する
Section **17**	チーム全員に緊急のお知らせを送る
Section **18**	特定の相手にメッセージを送る
Section **19**	メッセージを検索する
Section **20**	「いいね!」でかんたんに返事する
Section **21**	メッセージを保存する
Section **22**	チャットで1対1のやり取りをする
Section **23**	在席状況を変更する

第3章 | コミュニケーションをする

Section 11 チャネルに参加する

チャネルに参加すると画面中央にワークスペースが表示され、メンバーとメッセージのやり取りを行うことができます。作成したチャネルは、初期状態で非表示になっている場合があるので、チームリストに表示すると参加しやすくなります。

チャネルをチームリストに表示する

1. <チーム>をクリックし、参加したいチャネルがあるチーム名をクリックします。

❶ クリックする

❷ クリックする

2. チャネルの一覧が表示されます。参加したいチャネルが一覧に表示されない場合は、<○つの非表示チャネル>をクリックします。

クリックする

③ 一覧に表示させたいチャネルにマウスポインターを合わせ、<表示>をクリックします。

クリックする

④ チャネルがチームリストに表示されました。

チャネルがチームリストに表示される

チャネルのワークスペースを表示する

① チームリストから、参加したいチャネルをクリックします。

クリックする

② 参加するチャネルのワークスペースが表示されます。

ワークスペースが表示される

第3章 コミュニケーションをする

Section 12 メッセージを読む

チャネルに参加するほかのメンバーからメッセージが届いたときは、チャネルのワークスペースを表示してメッセージを読みましょう。未読のメッセージがあるチャネルの名前は、太字で表示されます。

メッセージを読む

1. メッセージが届くと、チャネルの名前が太字で表示されます。メッセージを読むチャネルをクリックします。

クリックする

2. ワークスペースにメッセージが表示されます。最初の未読メッセージの上には「最後の既読」というバーが表示されます。

表示される

Memo 最新情報からも未読メッセージが確認できる

チャネルの通知がオンになっている場合は、メッセージが届くと「最新情報」に数字が付きます。＜最新情報＞をクリックし、＜○○さんが投稿しました＞をクリックすることでもメッセージを読むことができます。

第3章 コミュニケーションをする

Section 13 メッセージを送信する

ワークスペースからチャネルに参加するメンバーにメッセージを送信しましょう。自分が送信したメッセージには青いバーが表示されます。ここでは、メンバーのメッセージに返信する方法もあわせて紹介します。

メッセージを送信する

(1) メッセージを送りたいチャネルを表示し、＜新しい会話を開始します。@を入力して、誰かにメンションしてください。＞をクリックします。

クリックする

(2) メッセージを入力し、▷をクリックします。

❶ 入力する

❷ クリックする

(3) メッセージが送信されます。

メッセージが送信される

メッセージに返信する

(1) 返信したいメッセージを表示し、<返信>をクリックします。

(2) テキストボックスが表示されます。<返信>をクリックします。

(3) 返信するメッセージを入力します。

(4) ▷をクリックします。

クリックする

(5) 返信メッセージが送信されます。

送信される

Memo 自分が送信したメッセージ

自分が送信したメッセージには、左側に青いバーが表示されます。返信メッセージも、通常のメッセージでも同様に表示されます。

第3章 | コミュニケーションをする

Section 14 メッセージを装飾する

メッセージは、長文になると読みにくくなってしまうことがあります。適度に文字を装飾することで、重要なところを強調させることができるので必要に応じて活用しましょう。

絵文字を送る

(1) ☺をクリックします。

クリックする

(2) 送りたい絵文字をクリックします。

クリックする

(3) ▷をクリックすると、動く絵文字が送信されます。

クリックする

第3章 コミュニケーションをする

38

🅃 メッセージを装飾する

① A̲をクリックします。

② 件名とメッセージを入力します。

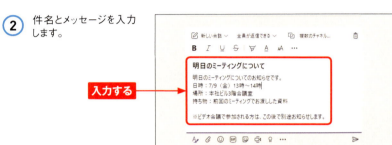

③ 装飾したい文字を選択し、変更する書式(ここでは **B**)をクリックします。

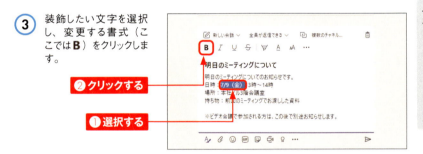

④ 文字が装飾されます。➤をクリックして送信します。

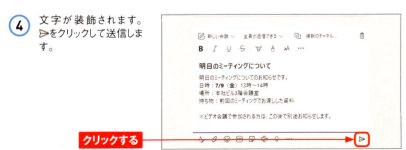

39

第3章 | コミュニケーションをする

Section 15

重要なメッセージにマークを付けて送る

メッセージのやり取りが多くなると、大切なメッセージが流れてしまい、見逃されてしまうことがあります。チャネルに参加するメンバーに必ず確認してもらいたい重要なメッセージにはマークを付けましょう。

重要なメッセージを送る

(1) をクリックします。

クリックする

(2) …をクリックします。

クリックする

40

③ <重要としてマーク>を
クリックします。

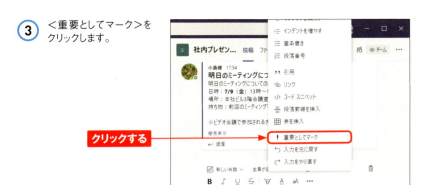

クリックする

④ メッセージの左側に赤い
バーと「重要!」という
文字が表示されます。
メッセージを入力し、▷
をクリックします。

❶ 入力する

❷ クリックする

⑤ 重要なメッセージが送信
されます。重要なマーク
を付けたメッセージには
❗が表示されます。

表示される

第3章 | コミュニケーションをする

Section 16

ファイルを送信する

業務に必要なファイルのやり取りをメッセージの送信と同時に行うことで、チャネルに参加するメンバー全員と共有することができます。送信されたファイルは画面上部の＜ファイル＞をクリックすると一覧表示できます。

ファイルを送信する

① 🖉 をクリックします。

② 送信するファイルの場所を指定します。ここでは＜コンピューターからアップロード＞をクリックします。

③ 送信するファイルをクリックして選択し、＜開く＞をクリックします。

④ メッセージにファイルが添付されます。任意でメッセージを入力し、▷をクリックします。

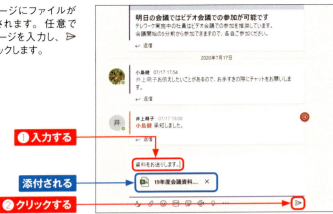

❶ 入力する
添付される
❷ クリックする

⑤ ファイルが送信されます。

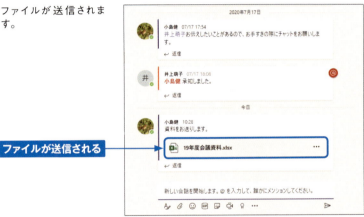

ファイルが送信される

Memo 受信したファイルを確認する

ほかのメンバーから受信したファイルは、ファイル名をクリックすると、プレビューでファイルが開きます。OfficeファイルをMicrosoft 365などで開いたり、ダウンロードしたりしたい場合は、…をクリックし、表示されるメニューの中から任意の動作をクリックして選択します。

クリックする

第3章 | コミュニケーションをする

Section 17

チーム全員に緊急の お知らせを送る

チームのメンバー全員にすぐに読んでもらいたい緊急のお知らせは、メッセージをアナウンスにして送信しましょう。大きな見出しとサブヘッドが挿入され、メッセージを目立たせることができます。

📢 アナウンスを送る

1. ✍をクリックします。

2. ＜新しい会話＞→＜アナウンス＞の順にクリックします。

③ 見出しとサブヘッドが挿入されます。■をクリックすると見出しの配色を変更でき、■をクリックすると見出しの背景を任意の画像にすることもできます。

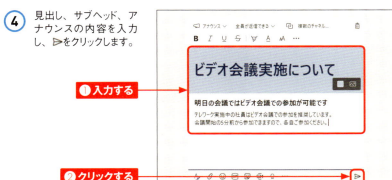

④ 見出し、サブヘッド、アナウンスの内容を入力し、▷をクリックします。

⑤ アナウンスが送信されます。アナウンスには●が表示されます。

第3章 | コミュニケーションをする

Section 18

特定の相手にメッセージを送る

特定の相手に指示を出したいときなどには、メンション機能を利用しましょう。メッセージに「@」を付けるだけでかんたんに設定することができます。特定の個人以外にもチームやチャネルを設定することもできます。

メンションを設定する

(1) ＜新しい会話を開始します。@を入力して、誰かにメンションしてください。＞をクリックします。

クリックする

(2) 「@」を入力すると、連絡先の候補が表示されます。メンションする相手が表示されない場合は、名前の一部も入力しましょう。メンションする相手をクリックします。

❶ 入力する　❷ クリックする

(3) メンションする相手の名前が青色の文字で挿入されます。メッセージを入力し、▷をクリックします。

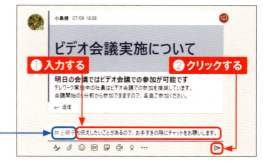

❶ 入力する　❷ クリックする

挿入される

(4) メンションを設定したメッセージが送信されます。

(5) 自分がメンションされると、「最新情報」、「チーム」、チャネル名にアイコンが表示され、メッセージには @ が表示されます。

表示される

Memo メンションの種類

ここでは、「@」のあとにメンバーの名前を入力し、特定の相手にメッセージを送信しましたが、チーム名やチャネル名を入力することもできます。

@○○（チーム名）	@のあとに入力したチームのメンバー全員に通知が送信されます。
@△△（チャネル名）	@のあとに入力したチャネルをお気に入りに入れているメンバー全員に通知が送信されます。

47

第3章 | コミュニケーションをする

Section 19 メッセージを検索する

過去のやり取りを確認したいときは検索機能が便利です。すべてのチーム・チャネルでのやり取りをまとめて検索できるので、どこで誰としたやり取りだったか忘れてしまったときにも役立ちます。

メッセージを検索する

(1) 画面上部の<検索>をクリックします。

クリックする

(2) 検索するキーワードを入力し、Enterを押します。

入力する

48

③ 検索結果が「メッセージ」、「ユーザー」、「ファイル」に分類して表示されます。ここでは、＜メッセージ＞をクリックします。

クリックする

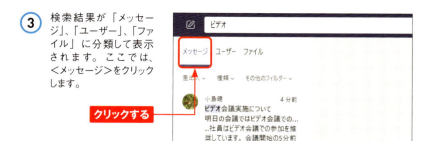

④ 検索結果のメッセージをクリックすると、ワークスペースに表示されます。

クリックする

⑤ 検索結果が多過ぎてメッセージが見つからない場合は、＜その他のフィルター＞をクリックし、条件を設定して、＜フィルター＞をクリックすると絞り込むことができます。

❶ **クリックする**

❷ **設定する**

❸ **クリックする**

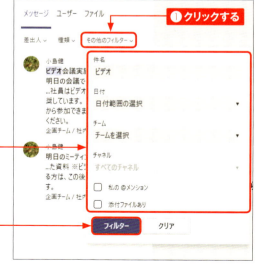

第3章 コミュニケーションをする

49

第3章 | コミュニケーションをする

Section 20 「いいね!」でかんたんに返事する

すべてのメッセージに返信をすることはとても大変です。Teamsでは、「いいね!」を使うことで、メッセージの返事をアイコンでかんたんに行うことができます。「いいね!」以外のアイコンを送ることも可能です。

「いいね!」をする

1. 「いいね!」で返事をしたいメッセージにマウスポインターを合わせます。

マウスポインターを合わせる

2. メッセージの右上にアイコンが表示されます。

表示される

Memo 「いいね!」の種類

メッセージにマウスポインターを合わせると、「いいね!」のほかに「ステキ(♥)」、「笑い(😀)」、「びっくり(😮)」、「悲しい(😢)」、「怒り(😠)」の5種類のアイコンが表示されます。これらをうまく使うと、メッセージに対して手軽に共感の気持ちを伝えることができます。

③ 左端の「いいね!」のアイコン（👍）をクリックします。

④ 相手に「いいね!」が送信されます。

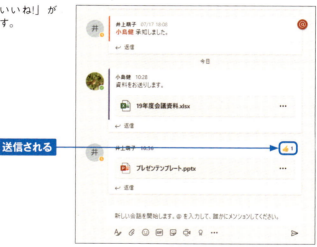

⑤ 「いいね!」の右側には「いいね!」が送信された数が表示されます。「いいね!」にマウスポインターを合わせると、「いいね!」を送信した人の名前が表示されます。なお、クリックすると、「いいね!」を取り消すことができます。

第3章 | コミュニケーションをする

Section 21

メッセージを保存する

忘れたくない重要なメッセージは、保存しておくことで、あとからまとめて確認することができます。1つのメッセージを保存すると、前後のやり取りも同時に確認することができて便利です。

メッセージを保存する

(1) 保存したいメッセージにマウスポインターを合わせ、…をクリックします。

(2) <このメッセージを保存する>をクリックします。

52

(3) メッセージが保存され、自分のプロフィールアイコンの下に「保存済み」と表示されます。

表示される

保存したメッセージを閲覧する

(1) 画面上部の自分のプロフィールアイコンをクリックし、＜保存済み＞をクリックします。

❶ クリックする
❷ クリックする

(2) 保存したメッセージの一覧が表示されます。メッセージをクリックすると、ワークスペースに強調して表示されます。

クリックする

表示される

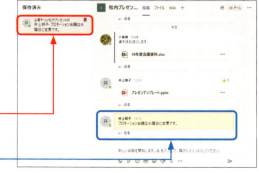

第3章 コミュニケーションをする

53

第3章 | コミュニケーションをする

Section 22

チャットで1対1のやり取りをする

メンション機能（Sec.18参照）では、チャネル内で特定のメンバーにメッセージを送ることができますが、ほかのメンバーとのやり取りと混ざらないようにしたいときは、チャットを使いましょう。

1対1でチャットをする

(1) 画面左側のメニューバーで＜チャット＞をクリックします。

クリックする

(2) 画面上部の ✎ をクリックします。

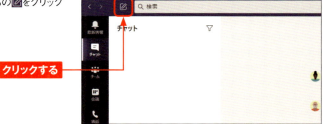

クリックする

(3) チャットをする相手の名前を入力し、候補に表示される相手の名前をクリックします。

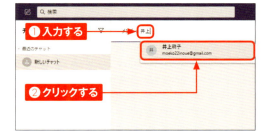

①入力する
②クリックする

④ メッセージを入力し、▷ をクリックします。

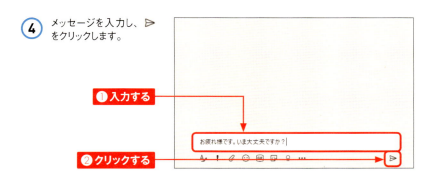

①入力する

②クリックする

⑤ チャットのメッセージが送信されます。

送信される

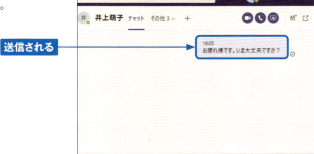

⑥ チャット以外を操作中にチャットを受信すると、「チャット」に数字が表示されます。

表示される

Memo Praise（賞賛）機能とは

Praise機能とは、チャットでやり取りしている相手を賞賛することができる機能です。チャット画面で♀をクリックします。バッジと呼ばれる相手へ送る呼称をクリックして、選択します。任意でメモを記入して（チームの場合、宛先に名前を入力し）、＜プレビュー＞→＜送信＞の順にクリックすると、相手へPraise（賞賛）のバッジが送信されます。

55

第3章 | コミュニケーションをする

Section

23 在席状況を変更する

在席状況を変更することで、メッセージのやり取りが可能かどうか現在の自分の状況をほかのメンバーに伝えることができます。ここでは、在席状況の種類もあわせて解説します。

在席状況の種類

Teamsでは、メッセージやチャットのプロフィールアイコンに現在の在席状況を示すアイコンが表示されています。このアイコンを確認することで、ほかのメンバーに連絡を取りたいときに、すぐにやり取りができるかどうかなどをかんたんに知ることができます。現在の在席状況は、Outlookの予定表やパソコン、スマートフォンの利用状況と連動して自動的に変更され、常に画面上で確認できます。なお、在席状況は任意で変更することもでき、自動で変更される在席状況よりも優先して表示されます。在席状況を示すアイコンは、自動で変更されるときのほうが種類が豊富で、より詳細な在席状況が伝わります。また、1つのアイコンが複数の在席状況に使われていることもあります。詳細を知りたいときは、メンバーのプロフィールアイコンにマウスポインターを合わせると在席状況が表示されます。

	任意で変更	自動で変更		任意で変更	自動で変更
	連絡可能	連絡可能		退席中 一時退席中	退席中 ○○（時刻） 業務時間外
	—	連絡可能 外出中		—	オフライン
	取り込み中	取り込み中 通話中 会議中		—	状態不明
	—	通話中 外出中		—	ブロック されました
	応答不可	発表中 フォーカス		—	外出中

第3章 コミュニケーションをする

在席状況を変更する

① 自分のプロフィールアイコンをクリックし、在席状況（ここでは＜連絡可能＞）にマウスポインターを合わせます。

② 変更したい在席状況（ここでは＜取り込み中＞）をクリックすると、現在の在席状況が変更されます。

③ 在席状況をもとの状態に戻すときは、手順②の画面で＜状態のリセット＞をクリックします。

Memo 自分の在席状況は相手からどう見える？

初期状態では、自分の現在の在席状況は、Outlookの予定表やパソコン、スマートフォンの利用状況と連動して自動的に変更され、ほかのユーザーに表示されます。Outlookとの連携は、Sec.48を参照してください。

ほかの作業をしていてパソコンやスマートフォンを5分以上操作しないでいると、在席状況が自動で「退席中」に変更されます。また、P.57の方法で自分の在席状況を「連絡可能」や「一時退席中」に設定したときでも、パソコンの場合は、ロックするか、スリープモードにすると相手から見える在席状況が自動的に「退席中」に変わります。スマートフォンの場合は、アプリがバックグラウンドにあるときに「退席中」と相手に表示されます。

さらに、アイコンだけではなく、メッセージとして在席状況をほかのメンバーに伝えることも可能です。P.57手順①の画面で＜ステータスメッセージを設定＞をクリックし、任意のメッセージを入力します。＜完了＞をクリックすると、ステータスメッセージが表示されます。「現在何をしているのか」や「何時から対応できるようになるのか」などをステータスメッセージとして設定しておくと便利です。なお、自分を含めたチャネルに参加しているメンバー全員の在席状況は、ワークスペース上部の👥をクリックすると、一覧で確認することができます。在席状況が変更されても、メッセージの横に表示されるプロフィールアイコンの在席状況に即座に反映されない場合があるので、メンバー全員の最新の在席状況はこの方法で確認するとよいでしょう。

第 **4** 章

ビデオ会議をする

Section **24**	ビデオ会議とは
Section **25**	ビデオ会議を開催する
Section **26**	カメラやマイクのオン／オフを切り替える
Section **27**	ビデオ会議を録画する
Section **28**	会議中の背景を変更する
Section **29**	ビデオ会議中にチャットする
Section **30**	パソコンの画面を共有する
Section **31**	ホワイトボードを共有する
Section **32**	会議の参加状況を確認する
Section **33**	ビデオ会議中に手を挙げる

第4章 | ビデオ会議をする

Section
24 ビデオ会議とは

ビデオ会議とは、パソコンやスマートフォンなどを介して、遠隔地にいる人どうしが動画と音声でやり取りすることです。ここでは、Teamsによるビデオ会議の概要について解説します。

Teamsのビデオ会議機能

Teamsのビデオ会議機能は、デスクトップ版、ブラウザー版、スマートフォンやタブレットのアプリから利用可能です。最大250人が同時に参加できるので、大人数での打ち合わせにも適しています。

ビデオ会議への参加方法もかんたんで、招待URLをクリックすればアカウントなしでも参加できます。ビデオ会議が開始されると、お互いの映像と音声によるやり取りだけでなく、参加者全員で画面を共有してコメントを付けたり、チャットを行ったりすることもできます。また、議題に上がったトピックをその場でメモしたり、挙手のアイコンを送信することでスムーズに発言できる点も便利な機能です。

加えて、会議の主催者はビデオ会議を録画することができるので、いつでも内容を確認することが可能です。Teamsによるビデオ会議のメリットを以下にまとめます。

第4章
ビデオ会議をする

● 人数と時間の制限がほぼない

最大250人が参加でき、画面には同時に9人の映像を表示できます。また、会議時間の制限はないので、時間を気にせずビデオ会議を行うことができます。

● かんたんに開始できる

アカウントを持っているユーザーが会議の主催者となって、招待URLを参加者に送ります。参加者はURLをクリックし、主催者からの参加許可がおり次第、すぐに会議に参加できます。

● 画面共有機能が使える

画面共有機能を使えば、ブラウザーやPowerPointのようなファイルのほか、ホワイトボードに手書きの図や文字を描いて共有することができ、よりスムーズに情報伝達することが可能です。

● 録画ができる

会議の主催者のみ、ビデオ会議を録画することができます。録画した動画ファイルは会議終了後に自動でパソコンに保存されます。なお、会議を記録していることはほかのメンバーにも知らされます。

ビデオ会議画面の構成

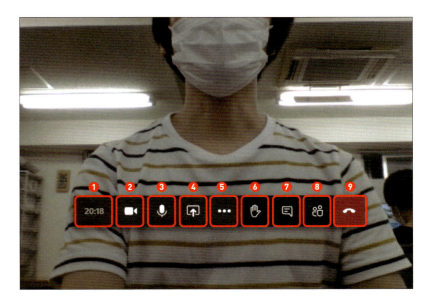

名称	機能
❶会議時間	ビデオ会議の経過時間が表示されます。
❷カメラをオフにする	カメラをオフにします。相手の画面には自分の名前とアイコンだけが表示されます。
❸ミュート	音声をオフにします。
❹共有	デスクトップ、ウィンドウ、パワーポイント、そのほかのファイルを共有できます。また、ホワイトボード機能を使用することもできます。
❺その他の操作	デバイスの設定、会議のメモの表示、全画面表示/全画面表示の終了、背景効果の表示、字幕機能の設定(英語のみ)、会議の終了、ビデオ着信のオフを設定することができます。
❻手を挙げる	挙手のアイコンを表示することができます。もう一度クリックすると、手を降ろすことができます。
❼会話	ビデオ会議と同時にチャットを行うことができます。
❽参加者を表示	参加者を一覧表示して、状態を確認できます。また、ビデオ会議の途中で新たに参加者を募る場合も、このアイコンをクリックします。
❾切断	ビデオ会議を終了します。

第4章 | ビデオ会議をする

Section 25

ビデオ会議を開催する

ビデオ会議を開催するにはまず、Teamsのアカウントを持っている人がビデオ会議を開始して主催者となり、次に参加してほしいメンバーに招待URLを送る必要があります。

ビデオ会議に招待する

(1) ＜会議＞をクリックします。

(2) ＜今すぐ会議＞をクリックします。

(3) ＜今すぐ参加＞をクリックします。

(4) をクリックします。

⑤ ユーザー名を入力し、招待したい相手をクリックします。ここではアカウントを持っていないユーザーを招待するケースとして、<をクリックします。

⑥ <メールで招待する>をクリックします。

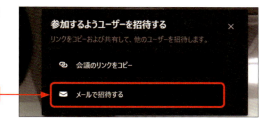

⑦ メールアプリの一覧が表示されるので、使用したいアプリをクリックして選択し、<OK>をクリックします。

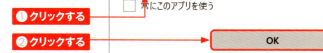

⑧ 件名と本文が自動的にペーストされるので、招待したい相手のメールアドレスを入力して送信します。

⑨ 招待した相手がメールのURLをクリックし、<今すぐ参加>をクリックすると、ビデオ会議が開催されます。

第4章 | ビデオ会議をする

Section 26 カメラやマイクのオン／オフを切り替える

カメラやマイクはかんたんにオン／オフを切り替えることができます。カメラをオフにすると映像が消えて名前だけが表示され、マイクをオフにすると音声が消えてアイコンが変化します。

カメラのオン／オフを切り替える

(1) P.62〜63を参考に、ビデオ会議を開始したら、会議中の画面で■をクリックします。

クリックする

(2) カメラがオフになり、相手側の画面では名前とアイコンのみが表示されます。

(3) 再びカメラをオンに切り替える場合は、■をクリックします。

クリックする

(4) カメラがオンに切り替わります。

📱 マイクのオン／オフを切り替える

(1) P.62 〜 63を参考に、ビデオ会議を開始したら、会議中の画面で🎤をクリックします。

クリックする

(2) マイクがオフになり、音声が相手に伝わらなくなります。再びマイクをオンに切り替える場合は、🎤をクリックします。

クリックする

(3) マイクがオンに切り替わります。

第4章 ビデオ会議をする

第4章 | ビデオ会議をする

Section 27

ビデオ会議を録画する

開催者は、ビデオ会議を録画することができます。録画を終了すると自動的にMicrosoftのクラウド上に保存されるので、うっかり保存し忘れてしまうこともありません。なお、会議の録画を行うには、Microsoft 365のライセンスが必要です。

ビデオ会議を録画する

1. 画面右上の＜会議＞をクリックします。P.62〜63を参考に、ビデオ会議を開始します。

2. 会議中の画面で･･･をクリックし、＜レコーディングを開始＞をクリックします。

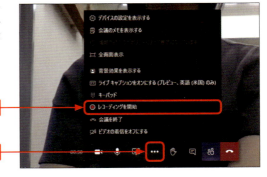

3. 録画が開始されます。録画を停止したいときは、･･･をクリックします。

(4) ＜レコーディングを停止＞をクリックします。

クリックする

(5) ＜レコーディングを停止＞をクリックします。

クリックする

(6) 「会議後は、この録画をチャネルの会話またはMicrosoft Streamで探すことができます。」というポップアップが表示されるので、＜OK＞をクリックします。

クリックする

(7) 録画したビデオ会議をチェックするには＜チーム＞をクリックして、該当するビデオ会議のサムネイルをクリックします。

①クリックする

②クリックする

Memo 録画にはMicrosoft 365のライセンスが必要

録画はMicrosoft Streamを利用するため、Microsoft Streamのライセンスが含まれているOffice 365 Suite（E1、E3、E5、Business Essential、Business Premium）およびMicrosoft 365 Suite（E3、E5、Business）のライセンスが必要です（P.13参照）。

第4章 ビデオ会議をする

67

第4章 | ビデオ会議をする

Section 28 会議中の背景を変更する

会議中、デフォルトでは背後の様子がカメラに写ってしまいますが、プライバシーに配慮した機能として、会議中の背景を変更することができます。背景にはさまざまな種類のものがあり、好きなものを選んで変更することができます。

背景を変更する

1. P.62〜63を参考に、ビデオ会議を開始したら、会議中の画面で••• をクリックします。

クリックする

2. ＜背景効果を表示する＞をクリックします。

クリックする

3. 変更したい背景を選択してクリックします。なお、＜新規追加＞をクリックすると、パソコン内の画像を背景として設定できます。

クリックする

④ <プレビュー>をクリックします。

クリックする → プレビュー

⑤ カメラが自動的にオフになり、手順③で選択した背景のプレビューが画面右下に表示されます。問題がなければ、<適用してビデオをオンにする>をクリックします。

クリックする → 適用してビデオをオンにする

⑥ 背景が変更されます。

Memo Together Modeとは

Together Modeとは、全員が同じ場所にいるかのように背景を一括変換する機能です（2020年7月時点では未実装）。参加者の画面がそれぞれ独立して表示される通常のビデオ会議よりもリラックスできる効果があると言われています。

第4章 | ビデオ会議をする

Section 29 ビデオ会議中にチャットする

ビデオ会議中であっても、チャット機能を利用することができます。WebサイトのURLやメールアドレスなど、音声や身ぶりでは伝えにくい情報を共有したいときに使用しましょう。

ビデオ会議中にチャットする

1. P.62〜63を参考に、ビデオ会議を開始したら、会議中の画面で📋をクリックします。

クリックする

2. 画面右側にチャット画面が表示されます。

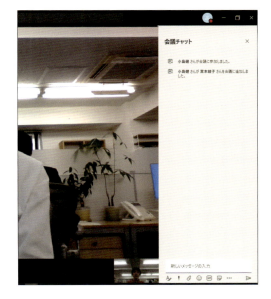

第4章 ビデオ会議をする

③ テキストを入力して、▷ をクリックするか Enter を押します。

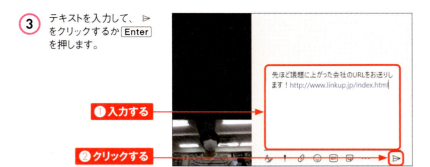

❶ 入力する

❷ クリックする

④ テキストが送信されます。

送信される

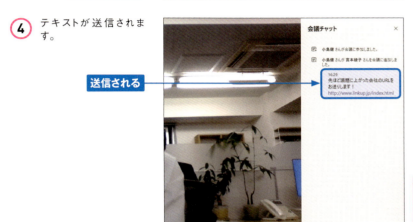

Memo 通常のチャットとの違い

会議中のチャットと通常のチャットでは、使える機能に違いはほぼありません。唯一、会議中のチャットでは「Praise」機能（Sec.22参照）が使用できないので、「Praise」機能を使用したい場合は通常のチャット機能から行うようにしましょう。

第4章 ビデオ会議をする

第4章 | ビデオ会議をする

Section 30 パソコンの画面を共有する

ビデオ会議の参加者とリアルタイムで作業中の画面を共有できます。共有できる画面の種類にはいくつかあります。画面共有をすると、同じ画面を見ながら話し合いをしたり、操作の一連の流れを相手に見せたりすることができ、便利です。

共有できる画面の種類

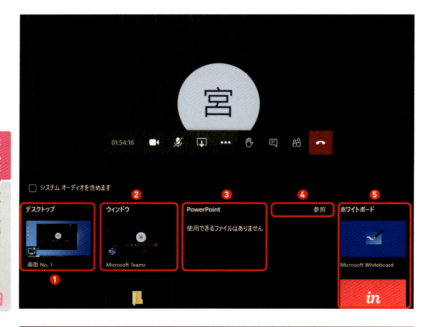

名称	内容
❶デスクトップ	自分の画面上のすべてを表示できます。
❷ウィンドウ	特定のアプリを表示できます。
❸PowerPoint	プレゼンテーションを表示できます。
❹参照	表示するファイルを検索して見つけることができます。
❺ホワイトボード	ホワイトボード機能を利用できます(Sec.31参照)。

共有中の画面

名称	内容
❶制御を渡す	自分が共有している画面を参加者も操作できるようにします。
❷システムオーディオを含みます	共有している画面から鳴らされるオーディオも共有できます。
❸発表を停止	共有を停止します。
❹ツールバーを固定	ツールバーを固定します。

パソコンの画面を共有する

(1) P.62〜63を参考に、ビデオ会議を開始したら、会議中の画面で🔼をクリックします。

クリックする

(2) 共有できる画面の種類が表示されます。共有したい画面を選択してクリックすると、共有が始まります。

クリックする

第4章 ビデオ会議をする

第4章 | ビデオ会議をする

Section 31

ホワイトボードを共有する

Teamsでは、会議の参加者がペンなどでスケッチできるホワイトボードが用意されています。ビデオ会議中に共有することで共同編集が可能です。ホワイトボードは「共有」画面から表示して利用します。

Teamsでホワイトボードを共有する

1. P.73手順②の画面で＜Microsoft Whiteboard＞をクリックします。

クリックする

2. アプリ版のホワイトボードを使用するかどうか、確認画面が表示されます。ここでは＜代わりにTeamsでホワイトボードを使う＞をクリックします。

クリックする

③ ホワイトボードが表示されます。

④ マウスで描画できます。色を変更したり線を消したりしたい場合は、画面右側のアイコンを選択してクリックします。

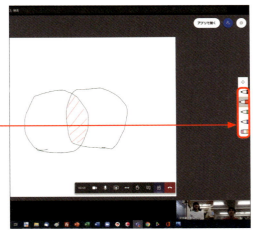

クリックする

第4章 ビデオ会議をする

Memo アプリ版のホワイトボードとの違い

アプリ版のホワイトボードでは、フリーハンドによる描画のほか、直線やテキスト、メモ、ファイルの挿入などを行うことができ、より複雑な図解が可能です。

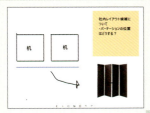

第4章 | ビデオ会議をする

Section 32 会議の参加状況を確認する

ビデオ会議を主催している場合にのみ、参加しているメンバーの出欠確認を行うことができます。出欠のデータは、参加や退出の時間も含めて、Excelファイルとしてパソコンに保存されます。

出欠の確認をする

(1) P.62～63を参考に、ビデオ会議を開始したら、会議中の画面で 📇 をクリックします。

クリックする

(2) … をクリックします。

クリックする

(3) ＜出席者リストをダウンロード＞をクリックします。

クリックする

(4) ダウンロードが開始されます。ダウンロードが終了したら＜1個のファイルがダウンロー…＞をクリックします。

クリックする

(5) ＜ダウンロード＞をクリックし、＜meetingAttendanceList＞をダブルクリックします。

❶ クリックする
❷ ダブルクリックする

(6) ビデオ会議に参加したメンバーの出欠状況を確認できます。

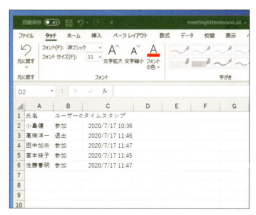

第4章 ビデオ会議をする

第4章 | ビデオ会議をする

Section 33 ビデオ会議中に手を挙げる

ビデオ会議に発言したい場合や多数決を取りたい場合などは、手を挙げるアイコンを表示すると便利です。声を出す必要がないので、これらの動作をスムーズに行うことができます。

アイコンで手を挙げる

1. P.62〜63を参考に、ビデオ会議を開始したら、会議中の画面で🖐をクリックします。

2. 画面右側に挙手のアイコンが表示されます。

表示される

3. 相手の画面にも、自分の名前と挙手のアイコンが表示されます。

表示される

4. 手を降ろしたい場合は、🖐アイコンをクリックすると、画面右側の挙手のアイコンが消え、手を降ろせます。

クリックする

第 **5** 章

使いやすく設定する

Section **34**	アプリの見た目を変更する
Section **35**	アプリの自動起動を切り替える
Section **36**	チームやチャネルの表示を整理する
Section **37**	通知を設定する
Section **38**	チャットを別ウィンドウで表示する
Section **39**	2段階認証を設定してセキュリティを強化する

第5章 | 使いやすく設定する

Section 34

アプリの見た目を変更する

アプリの見た目のことを「テーマ」といいます。テーマは規定のもののほかに、目に優しい「ダーク」、文字が読みやすい「ハイコントラスト」が用意されています。テーマを変更することで、画面の見やすさを調節することが可能です。

テーマを変更する

(1) 画面右上のプロフィールアイコンをクリックします。

クリックする

(2) <設定>をクリックします。

クリックする

(3) テーマとプレビューの一覧が表示されるので、変更したいものをクリックして選択します。

クリックする

第5章 | 使いやすく設定する

Section 35 アプリの自動起動を切り替える

Teamsのデスクトップアプリは、デフォルトの設定ではパソコンを起動するとアプリも自動的に起動します。自分の好きなタイミングで起動したい場合は、アプリの自動起動をオフに切り替えましょう。

自動起動をオフにする

1. P.80手順③の画面で、＜アプリケーションの自動起動＞をクリックしてチェックを外します。

クリックする

2. アプリを終了させてパソコンを再起動しても、アプリが自動起動しなくなります。

第5章 | 使いやすく設定する

Section 36 チームやチャネルの表示を整理する

チームやチャネルが増えてくると、画面が見づらくなってしまいます。ひんぱんにアクセスするもの以外は非表示にしたり、順番を入れ替えたりすることで、このような問題を解消することができます。

チームやチャネルを非表示にする

(1) <チーム>をクリックしてチームの一覧を表示し、非表示にしたいチームの…をクリックします。

❶ クリックする
❷ クリックする

(2) <非表示>をクリックします。

クリックする

(3) チームが非表示になります。チャネルを非表示にしたい場合は、手順①でチーム名をクリックし、チャネルを表示してから同様の手順で非表示にできます。

チームの表示順を入れ替える

(1) P.82手順①の画面で、入れ替えたいチームをクリックしてドラッグします。

①クリックする
②ドラッグする

(2) チームの順番が入れ替わります。

入れ替わる

Memo モバイルアプリ版にも自動的に反映される

チームの入れ替えはデスクトップ版でもブラウザー版でも可能です。また、スマートフォンなどにモバイルアプリ版のTeamsをインストールしている場合、デスクトップ版あるいはブラウザー版で入れ替えたチームの順番が自動的に反映されます。ただし、いずれも入れ替えられるのはチームのみで、チャネルの入れ替えはできません。

第5章 | 使いやすく設定する

Section 37 通知を設定する

通知を設定すると、メンションやメッセージ、会議の開始などを見逃しにくくなります。その際、通知のオン／オフだけでなく、通知音のみオフにしてバナー表示のみオンにする、といった細かい設定も可能です。

通知の種類

●メール

通知内容がメールで受信できます。受信のタイミングは、「設定」画面の「不在時のアクティビティに関するメール」で設定できます。

●バナー

パソコンのデスクトップ画面にポップアップ表示されます。

●フィード

「最新情報」の「フィード」に表示されます。

📩 通知を設定する

1 P.80手順③の画面で、<通知>をクリックします。

クリックする

2 「メンション」、「メッセージ」、「その他」、「ハイライト」、「会議」、「状態（Memo参照）」の中から、通知として設定したいものをクリックして選択します。

クリックする

Memo 特定のメンバーの状態通知を管理する

手順②の画面下部にある「状態」の<通知を管理>をクリックします。「ユーザーの追加」に状態通知を管理したいメンバーの名前、またはメールアドレスを入力します。候補が表示されるので、任意のユーザー名をクリックすると、その人が連絡可能、またはオフラインになったときに通知を受け取ることができます。

第5章 | 使いやすく設定する

Section 38
チャットを別ウィンドウで表示する

Teamsのチャットは、別ウィンドウで表示することもできます。別ウィンドウで表示することで、チャットを行いつつ別の作業に着手できるなど、作業を効率化することができます。

チャットを別ウィンドウで表示する

(1) チャット画面で、 をクリックします。

(2) チャットが別ウィンドウで表示されます。

86

③ 複数のチャットを別ウィンドウで同時に開きながら、別の作業を行うことも可能です。

④ ×をクリックすると、別ウィンドウを閉じることができます。

クリックする

Memo 別ウィンドウで表示可能なのはデスクトップ版のみ

別ウィンドウで表示可能なのは、デスクトップ版のチャットのみです。ブラウザー版でチャットを起動すると、別ウィンドウで表示のアイコンが存在しません。

第5章 | 使いやすく設定する

Section 39

2段階認証を設定してセキュリティを強化する

2段階認証を設定すると、パスワードと任意の連絡方法という2種類の認証方法が使用され、セキュリティを強化することができます。2段階認証を設定するには、Teamsで利用しているMicrosoftアカウントが必要です。

Microsoftアカウントから設定する

(1) Webブラウザーで「https://account.microsoft.com/security」にアクセスし、Teamsのアカウント作成に使用したメールアドレスを入力して<次>をクリックします。

①入力する
②クリックする

(2) パスワードを入力して<サインイン>をクリックします。

①入力する
②クリックする

(3) セキュリティ画面が表示されるので<有効にする>をクリックします。

クリックする

(4) <●●(メールアドレス)にメールを送信>をクリックします。

クリックする

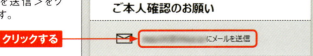

⑤ P.88手順①で入力したMicrosoftアカウントのメールアドレス宛てに7桁のコードが届きます。届いたコードを入力して<確認>をクリックします。

❶入力する

❷クリックする

⑥ スマートフォンアプリについての画面が表示されるので、<キャンセル>をクリックします。

クリックする

⑦ <2段階認証のセットアップ>をクリックします。

クリックする

⑧ <次へ>をクリックします。

クリックする

第5章 使いやすく設定する

⑨ 追加の認証手段を選択する画面が表示されます。ここでは＜電話番号＞をクリックして選択し、番号を入力して＜次へ＞をクリックします。

追加の認証手段　❶クリックする

セットアップを完了するには、ご本人確認の手段がもう1つ必要です。確認コードを受け取る方法を選んでください。

認証の手段:
電話番号

日本 (+81)

この番号を確認するため、SMS が送信されます。

❷入力する
❸クリックする

キャンセル　次へ

⑩ 手順⑨で入力した電話番号に4桁のコードが届きます。届いたコードを入力して＜次へ＞をクリックします。

コードの入力　❶入力する

にお送りしたコードを入力してください

5649

❷クリックする

キャンセル　次へ

⑪ 2段階認証がオンになるので、＜次へ＞をクリックします。

2 段階認証がオンになっています

アカウントへのアクセスを回復する必要が生じた場合は、このコードを使います。印刷するか、メモしたうえで、安全な場所で保管してください。回復用コードをデバイスには保存しないことを強くお勧めします。

以前入手した回復用コードはもう使えません。この新しいコードを使ってください。

新しいコード：　　　　　　　　　　　　印刷コード

入力する　→　次へ

⑫ スマートフォンアプリのパスワードについての画面が表示されるので、ここでは＜次へ＞をクリックします。

スマート フォンへのアプリ パスワードの設定

すべてのアプリとデバイスで Microsoft アカウントを使えるようにするには、もう少し操作が必要です。セキュリティ コードがサポートされていないアプリまたはデバイスに対してアプリ パスワードを作る必要があります。まず、Outlook.com メールをお使いのスマートフォンと同期する場合は、以下のリンクをクリックして手順を表示してください。

次のいずれかのデバイスで Outlook.com メールを同期しますか?

Android デバイスで Outlook.com メールを同期する場合
iPhone で Outlook.com メールを同期する場合
BlackBerry デバイスで Outlook.com メールを同期する場合

Outlook.com メールを上記のどのデバイスとも同期しない場合は、[次へ] をタップまたはクリックします。

クリックする　→　次へ

⑬ ＜完了＞をクリックすると、2段階認証が設定されます。

アプリ パスワードが必要なアプリとデバイスがほかにもあります

次のいずれかをお使いの場合は、設定方法をご確認ください

Xbox 360
PC または Mac 用 Outlook デスクトップ アプリ
Office 2010、Office for Mac 2011、またはそれ以前
Windows Essentials (フォト ギャラリー、ムービー メーカー、メール、Writer)
Zune デスクトップ アプリ

アプリ パスワードを使ったアプリとデバイスの設定は後で行うこともできますが、設定まではアプリとデバイスを使うことができません。いつでもセキュリティ情報ページにアクセスして、アプリ パスワードが必要なアプリまたはデバイスごとに新しいアプリ パスワードを入手できます。

クリックする　→　完了

第 **6** 章

チャネルでチーム内の
話題を整理する

Section **40**	チャネルを作成する
Section **41**	プライベートチャネルを作成する
Section **42**	プライベートチャネルにメンバーを追加する
Section **43**	チャネルを編集する
Section **44**	チャネルの投稿を制限する
Section **45**	チャネルを削除する

第6章 | チャネルでチーム内の話題を整理する

Section 40 チャネルを作成する

チャネルには、チームのメンバー全員に公開される「標準チャネル」と、所有者が招待したメンバーのみに公開される「プライベートチャネル」があります。ここでは標準チャネルの作成方法を解説します。

チャネルには2つの種類がある

Microsoft Teamsのチームで作成できるチャネルは、「標準チャネル」と「プライベートチャネル」の2種類があります。標準チャネルはチームのメンバー全員に公開されるため、全体へのアナウンスなどに便利なチャネルです。対してプライベートチャネルは、特定の話題や小規模なプロジェクトなどのやり取りに向いています。プライベートチャネルを作成したら、その業務に携わるメンバーだけを招待しましょう（Sec.42参照）。

● **標準チャネル**
チームのメンバー全員が作成することができ、作成後はメンバー全員に公開されます。所有者はアクセスを制限したり、メンバーの役割を変更したりできます。

● **プライベートチャネル**
チームのメンバー全員が作成することができ、作成後は所有者が追加したメンバーのみに公開されます。プライベートチャネルはゲストが作成することはできません。

標準チャネルを作成する

① 「チーム」タブを表示し、チャネルを作成したいチームの … をクリックします。

(2) <チャネルを追加>をクリックします。

(3) 「チャネル名」と「説明」を入力し、「プライバシー」で<標準-チームの全員がアクセスできます>をクリックして選択し、<追加>をクリックします。

❶入力する
❷クリックする
❸クリックする

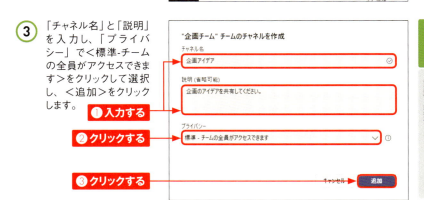

(4) 標準チャネルが作成されます。

作成される

第6章 ▼ チャネルでチーム内の話題を整理する

第6章 | チャネルでチーム内の話題を整理する

Section 41 プライベートチャネルを作成する

特定のメンバーと限定的な業務のやり取りをしたい場合は、プライベートチャネルを作成しましょう。プライベートチャネルは、チャネルの作成者（所有者）に招待されたメンバーのみが参加でき、それ以外のメンバーには公開されません。

プライベートチャネルを作成する

(1) 「チーム」タブを表示し、プライベートチャネルを作成したいチームの…→＜チャネルを追加＞の順にクリックします。

(2) 「チャネル名」と「説明」を入力し、「プライバシー」の＜標準-チームの全員がアクセスできます＞をクリックします。

③ <プライベート-チーム内のユーザーの特定のグループしかアクセスできません>をクリックします。

クリックする

④ <次へ>をクリックします。

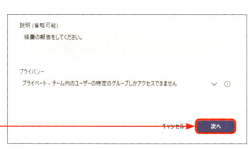

クリックする

⑤ 「○○チャネルにメンバーを追加する」画面が表示されます。ここでは<スキップ>をクリックします。

クリックする

⑥ プライベートチャネルが作成されます。プライベートチャネルには、🔒が付きます。

作成される

Section 42 プライベートチャネルにメンバーを追加する

プライベートチャネルを作成したら、チームのメンバーを招待しましょう。なお、追加するユーザーはチームのメンバーである必要があります。所有者に招待されたメンバーは、すぐにプライベートチャネルに参加できます。

プライベートチャネルにメンバーを追加する

1. メンバーを追加したいチャネルを表示し、画面右上の…をクリックして、＜メンバーを追加＞をクリックします。

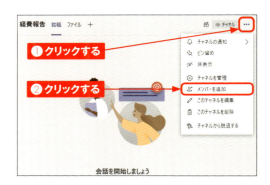

2. 追加するユーザーの名前を入力し、表示された候補をクリックします。

3. ＜追加＞をクリックします。この画面で同時に複数のメンバーを追加することもできます。

(4) <閉じる>をクリックします。

(5) チャネル画面に戻ります。画面右上の品をクリックすると、チャネルのメンバーを確認できます。画面右下の⚙をクリックします。

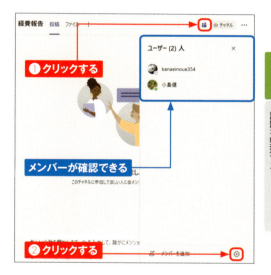

(6) メンバーの管理画面が表示され、役職や役割を確認できます。

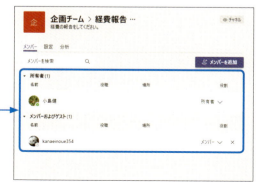

第6章 | チャネルでチーム内の話題を整理する

Section
43 チャネルを編集する

チャネルの所有者は、チャネルの名前や説明を変更したり、メンバーを編集したりすることができます。変更内容はチャネルのワークスペースに表示されます。なお、チーム作成時に追加される「一般チャネル」の名前は変更できません。

チャネルの情報を編集する

1. 情報を編集したいチャネルを表示し、画面右上の…をクリックして、<このチャネルを編集>をクリックします。

2. 「チャネル名」や「説明」を編集し、<保存>をクリックします。

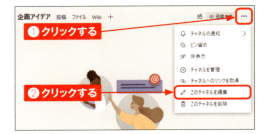

3. 変更が完了します。

🔧 チャネルのメンバーを編集する

(1) メンバーを変更したいチャネルを表示し、画面右上の 🕸 をクリックして、⚙ をクリックします。

❶ クリックする

❷ クリックする

(2) ＜メンバーおよびゲスト＞をクリックします。

クリックする

(3) メンバーの名前の横に表示されている＜メンバー＞をクリックすると、役割を変更できます。なお、×をクリックすると、メンバーを削除できます。

クリックする

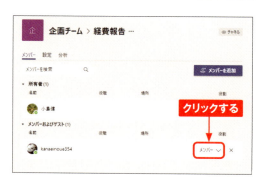

第6章 チャネルでチーム内の話題を整理する

99

第6章 | チャネルでチーム内の話題を整理する

Section 44 チャネルの投稿を制限する

チャネルの所有者は、ゲストによる新しい投稿を制限したり、モデレーションを有効にしてメンバーへの返信を制限したりすることができます。デフォルトでモデレーターに設定されているのは、チャネルの所有者です。

チャネルの投稿を制限する

(1) 投稿を制限したいチャネルを表示し、画面右上の … をクリックして、<チャネルを管理>をクリックします。

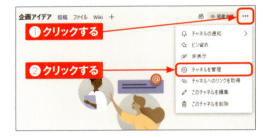

(2) ゲストの投稿を制限したい場合は、「新しい投稿を開始できるのは誰ですか?」の「ゲスト以外のだれでも新規の投稿を開始できます」をクリックして選択します。

Memo 投稿の制限はチームの所有者しか設定できない

手順②の「チャネル設定」で表示される各項目の設定を行えるのは、チームの所有者のみです。所有者ではないメンバーには手順②の画面がグレーで表示され、クリックができない状態になっています。所有者ではないメンバーが投稿制限の設定を行いたい場合は、所有者に役割を「メンバー」から「所有者」に変更してもらいましょう（Sec.56参照）。

チャネルのモデレートを設定する

① P.100手順②の画面で「チャネルのモデレーション」の＜オフ＞をクリックします。

クリックする

② ＜オン＞をクリックします。

クリックする

③ チームのメンバーのみが操作できる項目を設定できます。操作されたくない項目は、クリックしてチェックを外します。

クリックする

Memo モデレーターとは

モデレーターとは、そのチャネルで投稿を開始できるユーザーのことを指します。手順③の画面で「モデレーター一覧」の＜管理＞をクリックすると、モデレーターを追加したり削除したりできる画面が表示されます。

Memo プライベートチャネルの場合

プライベートチャネルの場合、モデレートを設定する機能はありません。ただし、P.97手順⑥の画面で＜設定＞→＜メンバーアクセス許可＞の順にクリックすると、メンバーのアクセス許可を変更することができます。

第6章 | チャネルでチーム内の話題を整理する

Section 45 チャネルを削除する

プロジェクトの終了などで不要になったチャネルは削除できます。ただし、そのチャネルの履歴はすべて失われてしまうので注意しましょう。なお、削除済みのチャネルであっても、一度作成したチャネルと同じ名前のチャネルは作成できません。

チャネルを削除する

① 削除したいチャネルを表示し、画面右上の…をクリックして、<このチャネルを削除>をクリックします。

② 確認画面が表示されるので、内容を確認して、<削除>をクリックします。

Memo プライベートチャネルから脱退する

プライベートチャネルのメンバーは、プライベートチャネル画面右上の…→<チャネルから脱退する>→<チャネルから脱退する>の順にクリックすると、チャネルから脱退することができます。なお、チャネルの所有者は所有権をほかのメンバーに与えなければ脱退できません。

第 **7** 章

アプリと連携する

Section **46**	アプリ連携のメリット
Section **47**	Officeファイルを共同編集する
Section **48**	Outlookでメッセージを送信する／会議を予約する
Section **49**	OneNoteでメモを共有する
Section **50**	サードパーティ製のアプリと連携する

Section 46 アプリ連携のメリット

Teamsは、さまざまなアプリと連携することができます。連携できるアプリはMicrosoftのアプリや、外部のサードパーティ製のアプリなど多岐にわたります。アプリ連携を利用することで、業務効率の向上などのメリットが期待できます。

アプリ連携でできること

Teamsは、Microsoftが提供するアプリをはじめ、サードパーティ製の外部アプリなど、すでに業務で利用しているさまざまなアプリと連携をすることができます。連携できるアプリは567にのぼります（2020年8月現在）。

アプリと連携していない場合、各操作はそれぞれのアプリを開いて行うこととなりますが、アプリ連携することで、Teams内で各アプリを利用した操作が完結するようになります。また、外部アプリで更新された情報をTeamsでいち早く通知・確認することもできるので、業務の効率化や生産性の向上を図ることができます。

連携できるアプリの種類も多彩に取り揃えられており、タスク管理や顧客管理、スケジュール管理、情報共有アプリなどの業務管理ツールや開発者向けツール、人事ツール、通信ツールなどがあります。

自分にぴったりの Teams を作る

https://www.microsoft.com/ja-jp/microsoft-365/microsoft-teams/apps-and-workflows

Microsoftのアプリと連携できる

もっともスムーズに連携ができるのは、Microsoftが提供するMicrosoft Office（Excel、Word、PowerPointなど）やOneNoteなどです。Officeアプリならファイルをリアルタイムで共同編集をすることができ、ファイル自体の編集だけでなく、コメントを付けての作業もできます。
また、OneNoteとの連携では、チャットやチャネルのタブにノートブックを追加することができます。すでに作成済みのノートブックだけでなく、新規で作成したものを追加することも可能です。なお、タブへの追加はOneNoteだけでなく、Officeファイルでも可能です。スムーズに業務を進め、生産性を向上させましょう。

外部アプリも連携できる

Microsoft以外の外部アプリとも連携をすることが可能です。たとえばクラウドストレージではDropboxやBox、Googleドライブなどと連携できます。一度連携すると、Teams内から各サービスに保存しているフォルダやファイルの確認ができ、また、ファイルを直接メンバーと共有することができるようになります。
ほかにも、タスク管理アプリのTrelloやオンライン会議アプリのZoom（Pro）など、多彩なアプリとの連携ができます。

第7章 | アプリと連携する

Section 47 Officeファイルを共同編集する

チャットやチャネルに送信されたExcel（xlsx.形式）やWord（docx.形式）、PowerPoint（pptx.形式）といったOfficeファイルを、メンバーと共同編集することができます。ファイルはダウンロードすることも可能です。

ファイルを共同編集する

① チャットやチャネルに送信されたファイルをクリックします。

クリックする

② ファイルが開き、編集を行うことができます。編集したら、＜閉じる＞をクリックします。編集した内容は、自動保存されます。

閉じる
クリックする

Memo ファイルをタブに追加する

手順①でファイルの右側にある…をクリックし、＜これをタブで開く＞をクリックすると、ファイルがタブに追加されます。よく利用するファイルはタブに追加しておくと便利です。

❶クリックする
❷クリックする

「ファイル」タブからファイルを共同編集する

チャットやチャネルに送信されたファイルは、「ファイル」タブに一覧で表示されます。過去に送信されたファイルの編集などを行う際には、こちらからファイルを開くと便利です。

1. ファイルが送信されたチャットやチャネルの＜ファイル＞をクリックします。

2. 共同編集したいファイルをクリックします。

3. ファイルが開き、編集を行うことができます。編集したら、＜閉じる＞をクリックします。編集した内容は、自動保存されます。

4. ファイルが更新され、「更新者」欄に最終更新者のユーザー名が表示されます。

Memo ファイルをダウンロードする

ファイルをダウンロードするには、手順②、またはP.106手順①の画面で任意のファイルにマウスポインターを合わせ、…→＜ダウンロード＞の順にクリックします。初期状態では、ファイルはパソコン内の「ダウンロード」フォルダに保存されます。

107

第7章 | アプリと連携する

Section 48 Outlookでメッセージを送信する／会議を予約する

各チャネルにはメールアドレスが設定されており、このメールアドレスを使用することで、外部からメッセージを送信したり、会議の予約をしたりすることができます。なお、この機能を利用するには、Teamsの有料ライセンスに加入する必要があります。

Outlookからメッセージを送信する

1. ＜チーム＞をクリックし、メッセージを送信したいチャネルをクリックします。・・・→＜メールアドレスを取得＞の順にクリックします。

2. ＜コピー＞をクリックします。

3. デスクトップ版Outlookを起動し、＜新しいメッセージ＞をクリックします。「宛先」に手順②でコピーしたメールアドレスを貼り付けます。任意で「件名」とメッセージを入力し、▶をクリックします。

Outlookから会議の予約をする

(1) デスクトップ版Outlookを起動し、ホームタブの＜新しいアイテム＞→＜Teams 会議＞の順にクリックします。

①クリックする
②クリックする

(2) P.108手順①〜②を参考に、会議の予約をしたいチャネルのメールアドレスをコピーし、「宛先」に貼り付けます。任意で「件名」を入力します。 をクリックし、会議の開始時刻と終了時刻の日にちを設定します。

①貼り付ける
②入力する
③クリックする

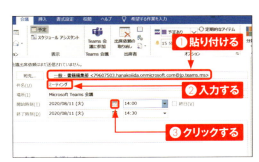

(3) ▼をクリックし、開始時刻と終了時刻をクリックして、設定します。＜送信＞をクリックします。

①クリックする
②クリックする
③クリックする

(4) チャネルに会議の予約が表示されます。

表示される

第7章 | アプリと連携する

Section 49

OneNoteでメモを共有する

TeamsのチャットやチャネルにOneNoteのノートブックを追加することができます。ここでは新規ノートブックを作成して追加する方法を紹介しますが、作成済みのノートブックの追加も可能です。

OneNoteのノートブックを新規作成して追加する

(1) OneNoteを共有したいチャットやチャネルを開き、＋をクリックします。

クリックする

(2) 「タブを追加」画面が表示されるので、＜OneNote＞をクリックします。

クリックする

(3) 「OneNote」画面が表示されます。＜新規ノートブックを作成＞をクリックします。

クリックする

(4) ノートブックの名前を入力し、＜このタブについてのチャネルに投稿します＞をクリックして、チェックを付けます。＜保存＞をクリックします。

❶入力する
❷クリックする
❸クリックする

(5) ページの名前やテキストを入力すると、自動保存されます。

入力する

(6) OneNoteを追加したことがチャットやチャネルに投稿されます。ノートブックの名前がタブとなり、ここから確認することもできます。

確認できる
投稿される

Memo Teamsで作成したOneNoteを確認する

メニューバーの■をクリックし、＜OneNote＞をクリックすると、これまでにTeamsで作成したOneNoteを確認することができます。

❶クリックする
❷クリックする

第7章 アプリと連携する

第7章 | アプリと連携する

Section 50 サードパーティ製のアプリと連携する

サードパーティ製の外部アプリとTeamsを連携させることができます。ここでは、クラウドストレージサービスのDropboxとタスク管理アプリのTrello、ビデオチャットサービスのZoomとの連携方法を紹介します。

Dropboxと連携する

Teamsでは、DropboxやBox、Googleドライブなどの外部のクラウドストレージサービスを追加することができます。追加をすることで、チャネルから直接、クラウドストレージサービス内のファイルを共有することができるようになります。ここではDropboxとの連携を紹介します。なお、必要に応じてDropboxのWebページでアカウントを作成しておきましょう。

(1) メニューバーの<ファイル>をクリックし、<クラウドストレージを追加>をクリックします。

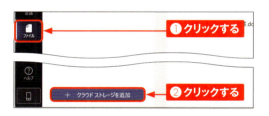

(2) 「クラウドストレージを追加」画面が表示されます。<Dropbox>をクリックします。

(3) Dropboxのログイン画面が表示されたら、Dropboxに登録しているメールアドレスとパスワードを入力し、<ログイン>をクリックします。

112

(4) <許可>をクリックします。

(5) メニューバーの<ファイル>をクリックし、<Dropbox>をクリックすると、Dropboxに保存されているファイルが閲覧できます。

(6) Dropboxのファイルを共有したいチャットやチャネルで🖇をクリックし、<Dropbox>をクリックします。

(7) 共有したいファイルをクリックし、<リンクを共有>をクリックします。

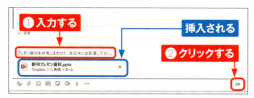

(8) ボックスにファイルのリンクが挿入されます。メッセージを入力して、▷をクリックすると送信されます。

Memo ファイルタブからファイルのリンクを取得する

手順⑤の画面で一覧表示されているファイルの右側にある…をクリックし、<リンクを取得>をクリックすると、ファイル共有のURLがクリップボードにコピーされます。コピーされたURLをチャットやチャネルのボックスで貼り付けて、メッセージを送信することでもファイル共有ができます。

Trelloと連携する

ToDoタスクをカンバン方式で管理できる「Trello」とTeamsを連携させることができます。チャットやチャネルに追加ができ、プロジェクトの進捗を共有することが可能です。連携する際は、あらかじめTrelloのアカウントを作成しておきましょう。

(1) Trelloを追加したいチャットかチャネルを開き、＋をクリックします。

(2) 検索フィールドに「trello」と入力し、検索結果に表示される＜Trello＞をクリックします。

(3) ＜追加＞をクリックします。

(4) Trelloにログインしていない場合は、＜Trelloでログイン＞をクリックします。

⑤ Trelloに登録している メールアドレスとパスワードを入力し、＜ログイン＞をクリックします。

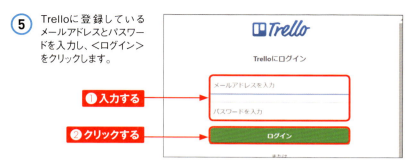

❶入力する
❷クリックする

⑥ 共有したいボードをクリックして選択し、＜保存＞をクリックします。

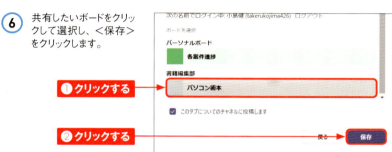

❶クリックする
❷クリックする

⑦ 「Trello」のボードのタブが作成されます。クリックすると、追加したTrelloのボードを確認、編集することができます。

クリックする

Memo Trelloのボードが閲覧できない場合

Trelloにログインしていないユーザーがボードのタブを開くと、「まだTrelloにログインしていないようです…」と表示されます。ログインしても閲覧できない場合は、Trelloの管理者にチーム、またはボードに招待してもらいましょう。

🔗 Zoomと連携する

事前にZoomのアカウントを作成し、Zoomと連携することでリンク共有時にワンクリックでビデオ通話を開始することができます。また、Teams内で会議の日程を調整することも可能です。

① 画面下部の … をクリックし、検索フィールドに「Zoom」と入力します。<Zoom>をクリックします。

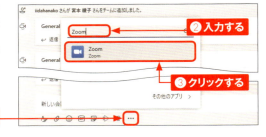

② <追加>をクリックします。

③ Zoomのアプリが追加されます。Zoomを使うときは、画面下部の ■ にマウスポインターを合わせて、<Start a meeting>をクリックします。

④ <サインイン>をクリックします。サインインのページが表示されるので、任意のアカウントでサインインを行います。

第 **8** 章

プロジェクトごとに
チームを作成する

Section **51**	組織にメンバーを追加する
Section **52**	チームを新規作成する
Section **53**	チームにメンバーを追加する
Section **54**	組織のメンバーを削除する
Section **55**	チームのメンバーを削除する
Section **56**	チームのメンバーの役割を変更する
Section **57**	使い終わったチームをアーカイブする

第8章 | プロジェクトごとにチームを作成する

Section 51 組織にメンバーを追加する

部署やプロジェクト別にチームを作成するためには、組織に所属するメンバーがいなくてはなりません。組織とは、学校や企業など、メンバーの大元の所属先を指します。メンバーを追加できるのは、組織を作成した管理者のみです。

組織への参加リンクを相手に送信する

① メニューバーから＜チーム＞→＜ユーザーを招待＞の順にクリックします。

クリックする

② 招待方法（ここでは＜リンクのコピー＞）をクリックします。

クリックする

③ リンクをメールに添付し、相手に送信します。

高橋様

お疲れ様です。

以下のリンクより、Teamsにご参加ください。
https://teams.microsoft.com/join/

飯田

組織への参加リクエストを管理者に送信する

(1) 受信メールのリンクをクリックします。

(2) 名前とメールアドレスを入力し、＜チームに参加＞をクリックします。

組織への参加リクエストを承認する

(1) P.118手順②の画面で＜保留中のリクエスト＞をクリックします。

(2) ＜承認＞をクリックすると、相手に承認メールが送信されます。

第8章 | プロジェクトごとにチームを作成する

Section 52 チームを新規作成する

作成するチームの種類によって、メンバーの追加方法が異なります。「パブリック」で作成すると、組織に所属している人は誰でも参加できます。チーム所有者の承認により、メンバーを追加する場合は「プライベート」で作成します。

チームを作成する

1. メニューバーから＜チーム＞→＜チームに参加、またはチームを作成＞の順にクリックします。

   クリックする

2. ＜チームを作成＞をクリックします。

   クリックする

3. ＜初めからチームを作成する＞をクリックします。

   クリックする

(4) チームの種類(ここでは<プライベート>)をクリックします。

(5) チーム名や説明を入力し、<作成>をクリックします。

①入力する
②クリックする

(6) <スキップ>をクリックします。

クリックする

(7) チームが作成されます。

作成される

第8章 プロジェクトごとにチームを作成する

121

第8章 | プロジェクトごとにチームを作成する

Section 53 チームにメンバーを追加する

チームにメンバーを追加できるのは、チームを作成した所有者か、「所有者」の役割に設定されているメンバーです。なお、プライベートチームへの参加は、参加リクエストを送信し、承諾してもらう必要があります。

チームへの参加リンクを相手に送信する

(1) メニューバーから<チーム>→…の順にクリックします。

(2) <チームへのリンクを取得>をクリックします。

(3) <コピー>をクリックし、リンクをメールなどで、相手に送信します。

🔵 チームへの参加リクエストを所有者に送信する

(1) 受信メールのリンクをクリックします。

(2) Teamsにサインインし、<参加>をクリックします。

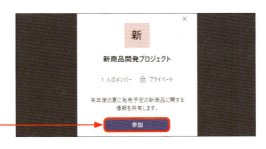

🔵 チームへの参加リクエストを承諾する

(1) <最新情報>→<保留中の要求>の順にクリックします。

(2) <承諾>をクリックすると、メンバーに追加されます。

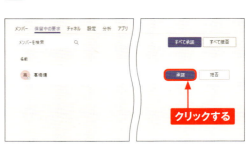

第8章 | プロジェクトごとにチームを作成する

Section 54 組織のメンバーを削除する

組織のメンバーを削除できるのは、組織を作成した管理者のみです。なお、組織からメンバーを削除すると、チームのメンバーとしても削除されます。退職などで組織から離脱したメンバーは削除しておきましょう。

「組織を管理」から削除する

(1) プロフィールアイコンをクリックします。

(2) ＜組織を管理＞をクリックします。

(3) ＜メンバー＞をクリックします。

(4) 削除するメンバーの×をクリックします。

(5) ＜削除＞をクリックします。

(6) 組織のメンバーから削除されます。

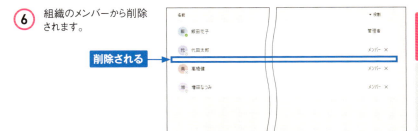

(7) チームのメンバーからも削除され、「不明なユーザー」と表示されます。

第8章 | プロジェクトごとにチームを作成する

Section 55 チームのメンバーを削除する

チームのメンバーを削除できるのは、チームを作成した所有者か、「所有者」の役割に設定されているメンバーです。なお、組織のメンバーとしては削除されないため、再度チームに追加したり、ほかのチームに追加したりすることが可能です。

「チームを管理」からメンバーを削除する

① メニューバーから<チーム>→ … の順にクリックします。

② <チームを管理>をクリックします。

③ <メンバー>→<メンバーおよびゲスト>の順にクリックします。

(4) 削除するメンバーの×をクリックします。

(5) チームのメンバーから削除されます。

削除される

(6) 組織のメンバーとしては、削除されていません。

Memo 所有者であるメンバーを削除するには

所有者を削除する場合には、Sec.56を参考に「所有者」から「メンバー」に役割を変更しましょう。役割が「所有者」の状態では、削除することができません。

第8章 | プロジェクトごとにチームを作成する

Section 56 チームのメンバーの役割を変更する

チームのメンバーには、「所有者」と「メンバー」という役割があります。この役割によって、可能な操作が異なります。なお、チームのアクセス許可設定を変更することで、「メンバー」がより多くの操作を行うことも可能です。

メンバーの役割を変更する

1. メニューバーから＜チーム＞→…の順にクリックします。

2. ＜チームを管理＞をクリックします。

3. ＜メンバー＞→＜メンバーおよびゲスト＞の順にクリックします。

④ 役割を変更するメンバーの∨をクリックします。

⑤ <所有者>をクリックします。

⑥ 役割が「所有者」に変更されます。

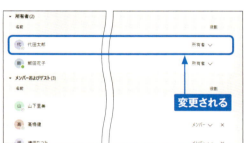

Memo 所有者とメンバーの違い

操作	所有者	メンバー
チームの作成と削除	○	×
チーム名や説明の編集	○	×
チームの設定	○	×
メンバーの追加と削除	○	×
チャネルの追加と削除	○	△ …設定で変更可
チャネル名や説明の編集	○	△ …設定で変更可
タブ・コネクタ・ボットの追加	○	△ …設定で変更可

第8章 | プロジェクトごとにチームを作成する

Section 57 使い終わったチームをアーカイブする

プロジェクトなどが終了し、必要のなくなったチームは、アーカイブして保存することができます。アーカイブしたチームは、チャネル作成やコメント投稿ができなくなります。メンバーの追加や削除、これまでのアクティビティの表示は可能です。

チームをアーカイブする

1. メニューバーから<チーム>→⚙の順にクリックします。

2. …→<チームをアーカイブ>の順にクリックします。

3. <アーカイブ>をクリックします。

第 **9** 章

スマートフォンや
タブレットで利用する

Section **58**	Teamsモバイルアプリを利用する
Section **59**	アプリをインストールする
Section **60**	アプリの基本画面を確認する
Section **61**	メッセージを投稿する
Section **62**	メッセージに返信する
Section **63**	通知設定を変更する
Section **64**	在席状況を変更する

第9章 | スマートフォンやタブレットで利用する

Section 58 Teamsモバイルアプリを利用する

Teamsは、パソコンのほか、iPhoneやAndroidなどのスマートフォン、iPadやAndroidタブレットなどの端末でも利用可能です。緊急時に連絡を取ったり、移動中にチャットや予定を確認したりすることができ、便利です。

Teamsモバイルアプリは、iOS版とAndroid版の2種類が無料で提供されています。iOS版とAndroid版には、機能において大きな差はありません。モバイルアプリをスマートフォンへインストールし、Microsoftアカウントでサインインして利用します。また、パソコンで利用する場合と、操作性はほぼ同じです。

新機能により、Teamsモバイルアプリ内で仕事用とプライベート用のアカウントを切り替えて、利用できるようになります。新機能のプレビューを利用するには、以下の方法を参照してください。

・すでにTeamsモバイルアプリを利用している場合
サインイン時に仕事用かプライベート用か選択、またはメニューバーから、アカウントを切り替えます。

・まだTeamsモバイルアプリを利用していない場合
App StoreまたはGoogle PlayからTeamsモバイルアプリをスマートフォンへインストールし、パソコンで利用しているアカウントでサインインします。サインインしたら、仕事用かプライベート用かを選択します。またはメニューバーから、アカウントを切り替えます。

https://www.microsoft.com/ja-jp/microsoft-365/microsoft-teams/teams-for-home

● **サインイン時に組織を選択**

● **仕事用**

● **メニューバーを開き、アカウントを選択**

● **プライベート用**

第9章 | スマートフォンやタブレットで利用する

Section 59 アプリをインストールする

スマートフォンでTeamsを利用するためには、アプリストアから無料の「Teams」アプリをインストールする必要があります。なお、サインインするアカウントが有償版プランを利用できるアカウントであれば、自動的に有償版の機能が有効になります。

iOS版アプリをインストールする

(1) App Storeで「Teams」アプリを検索して＜Microsoft Teams＞をタップします。

(2) ＜入手＞→＜インストール＞の順にタップします。

(3) インストールが開始されます。

(4) インストールが完了すると、ホーム画面にアイコンが表示されます。アイコンをタップすると、アプリが起動します。

Android版アプリをインストールする

① Google Playで「Teams」アプリを検索して＜Microsoft Teams＞をタップします。

② ＜インストール＞をタップします。

③ インストールが開始されます。

④ インストールが完了すると、ホーム画面にアイコンが表示されます。アイコンをタップすると、アプリが起動します。

第9章 | スマートフォンやタブレットで利用する

Section 60 アプリの基本画面を確認する

各画面について、構成やアイコンの機能を確認しましょう。iOS版とAndroid版では、画面構成が多少異なります。ここでは、iOS版の仕事用アカウントの画面を紹介します。

基本画面を確認する

Teamsにサインインすると、「最新情報」画面が表示されます。
Android版では、❶〜❺の位置が異なります。

❶在席の変更、通知や画面設定の変更、アカウントの切り替えなどができます。

❷ユーザーやメッセージ、ファイルをキーワード検索で見つけることができます。

❸直近の更新情報（フィード）や自分の投稿（アクティビティ）を確認できます。

❹Teamsにユーザーを招待できます。iOS版では、リンクの共有で招待可能です。

❺最新情報から「メンション」や「不在着信」など項目別に検索することができます。

❻最新情報がある場合は、件数が表示されます。タップすると確認できます。

❼ <チャット>をタップすると、新規チャット画面が表示されます。メッセージの送信や音声通話、ビデオ通話が可能です。

❾ <会議>をタップすると、会議を作成できます。また、<参加>をタップして、会議に今すぐ参加することもできます。

❽ チームやチャネルが表示され、投稿やファイルも確認できます。新規チームや新規チャネルの作成、既存のチームの管理が可能です。

❿ 通話やカメラなどの機能を利用できます。<保存済み>をタップすると、保存された会話やメッセージを確認可能です。

137

第9章 | スマートフォンやタブレットで利用する

Section 61

メッセージを投稿する

チーム内にメッセージやファイルなどを投稿することで、かんたんに情報共有が可能です。また、絵文字やGIF画像が豊富に搭載されているので、チャットのように気軽にコミュニケーションをとることができます。

メッセージを投稿する

1 <チーム>→<すべてのチームを表示>の順にタップします。

2 メッセージを投稿するチームのチェックボックスをタップします。

3 メッセージを投稿するチャネルまたはチーム全体(一般)をタップします。

4 <新しい投稿>(Android版は ◎)をタップします。

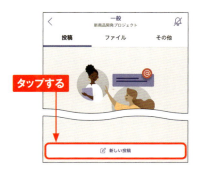

5 テキストボックスにメッセージを入力し、▶をタップします。

6 メッセージが投稿されます。

7 …をタップすると、メッセージの編集や削除ができます。

Memo 絵文字の投稿

Android版では、メッセージ入力画面で…→＜絵文字＞の順にタップすると、絵文字を入力できます。

第9章 | スマートフォンやタブレットで利用する

Section 62 メッセージに返信する

投稿されたメッセージやチームメンバーのリアクションは、「最新情報」に通知され、かんたんに確認することができます。ユーザーを特定して返信できるメンション機能を利用したり、リアクションを返信したりすることも可能です。

メッセージを確認する

(1) 新たなメッセージがあると通知が表示されるので、<最新情報>をタップします。

(2) 通知をタップします。

(3) メッセージが表示されます。

Memo リアクションを返信する

相手からのメッセージに表示されている…をタップし、絵文字をタップすると、リアクションを返信できます。

📧 メッセージを返信する

① P.140手順③の画面で＜返信＞をタップします。

② テキストボックスにメッセージを入力し、▶をタップします。

③ 返信メッセージが投稿されます。

④ …をタップすると、メッセージの編集や削除ができます。

第9章 | スマートフォンやタブレットで利用する

Section 63 通知設定を変更する

チャット機能や投稿機能など、機能それぞれの通知設定を変更したり、通知のオフ時間を設定したりすることができます。ここでは、パソコンとスマートフォン両方でTeamsを利用している場合に通知を二重に受け取らない設定を紹介します。

iOS版アプリで通知設定を変更する

① ≡をタップします。

② <通知>をタップします。

③ <デスクトップまたはWebで非アクティブな場合のみ>をタップします。

Memo 通知項目を選択する

機能別に通知のオン/オフを設定することができます。○をタップして、●にすると、通知がオンになります。

📱 Android版アプリで通知設定を変更する

① ≡をタップします。

② <通知>をタップします。

③ <デスクトップ上で非アクティブな場合のみ>をタップします。

Memo 通知項目を選択する

機能別に通知のオン/オフを設定することができます。通知設定画面で<通知の構成>をタップします。⚪をタップして、⚫にすると、通知がオンになります。

143

第9章 | スマートフォンやタブレットで利用する

Section 64 在席状況を変更する

在席状況を表示することで、相手とのコミュニケーションがスムーズに行われます。また、在席状況とあわせて「ステータスメッセージ（P.58参照）」を設定することで、より詳細に自分の状況を知らせることができます。

在席状況を変更する

① ≡をタップします。

タップする

② 現在の在席状況（ここでは＜連絡可能＞）をタップします。

タップする

③ 変更したい在席状況（ここでは＜退席中＞）をタップすると、変更されます。

タップする

Memo 在席状況の項目

Android版では、在席状況の項目が以下のように表示されます。

第 **10** 章

疑問・困った解決Q&A

Section **65**	アプリをすばやく操作したい!
Section **66**	未読メッセージをすばやく確認したい!
Section **67**	ファイルやWebサイトをすばやく開きたい!
Section **68**	誤ってメッセージを送ってしまった!
Section **69**	会議を円滑に進めるコツを知りたい!
Section **70**	応答不可の状態でも通知を受け取りたい!
Section **71**	会議のときにマイクがハウリングする!
Section **72**	パスワードを忘れてしまった!
Section **73**	無料版から有料版にアップグレードしたい!

第10章 | 疑問・困った解決Q&A

Section

65 アプリをすばやく操作したい!

Teamsには、作業を効率化するためのショートカットキーのほか、入力することでタスクを処理できるコマンドが用意されています。よく使うものだけでも覚えておくと便利です。

ショートカットキー一覧

操作内容	デスクトップ版	ブラウザー版
ショートカットキーを表示する	Ctrl + .	
検索に移動	Ctrl + E	
コマンドを表示する	Ctrl + /	
移動	Ctrl + G	Ctrl + Shift + G
新しいチャットを開始する	Ctrl + N	左 Alt + N
「設定」を開く	Ctrl + ,	
「ヘルプ」を開く	F1	Ctrl + F1
閉じる	Esc	
拡大	Ctrl + =	ショートカットキーなし
縮小	Ctrl + -	ショートカットキーなし
アクティビティを開く	Ctrl + 1	Ctrl + Shift + 1
チャットを開く	Ctrl + 2	Ctrl + Shift + 2
チームを開く	Ctrl + 3	Ctrl + Shift + 3
「予定表」を開く	Ctrl + 4	Ctrl + Shift + 4
通話を開く	Ctrl + 5	Ctrl + Shift + 5
ファイルを開く	Ctrl + 6	Ctrl + Shift + 6
1つ前のリストの項目に移動する	左 Alt + ↑	
次のリストの項目に移動する	左 Alt + ↓	

コマンド一覧

コマンド	機能(デスクトップ版・ブラウザー版とも共通)
/activity	特定の人のアクティビティを表示します。
/available	状態を「連絡可能」に設定します。
/away	状態を「退席中」に設定します。
/busy	状態を「取り込み中」に設定します。
/call	電話番号またはTeams連絡先に電話します。
/dnd	状態を「応答不可」に設定します。
/files	最近使用したファイルを表示します。
/goto	チームやチャネルに直接移動します。
/help	Teamsに関するヘルプを表示します。
/join	チームに参加します。
/keys	ショートカットキーを表示します。
/mentions	すべてのメンションを表示します。
/org	特定の人の組織図を表示します。
/saved	保存済みメッセージを表示します。
/testcall	通話品質を確認します。
/unread	未読のすべてのアクティビティを表示します。
/whatsnew	Teamsの新機能を確認します。
/who	特定の人についてWhoに尋ねます。
/wiki	クイックノートを追加します。

Memo コマンドの実行方法

コマンドは、Teamsの画面上部にある「検索」に半角で入力し、Enterを押すことで実行することができます。

第10章 疑問・困った解決Q&A

Section 66

未読メッセージを すばやく確認したい!

チームやチャネルが増えてくると、未読メッセージに気付かないままほかのやり取りに埋もれてしまうケースも考えられます。そのようなことのないよう、未読メッセージをすばやく探し出し出す方法を覚えておきましょう。

フィルター機能から確認する

① <チャット>をクリックし、▽をクリックします。

② <未読>をクリックします。

③ 未読メッセージが表示されます。

第10章 | 疑問・困った解決Q&A

Section 67 ファイルやWebサイトをすばやく開きたい!

タブを活用すると、チャネル内のファイルやWebサイトにすばやくアクセスすることができます。作業のたびにファイルやWebサイトを探す手間が省けます。ここではWebサイトを開くときの手順を紹介します。

タブを活用する

① ＜チーム＞をクリックし、＋をクリックします。

② タブとして追加できるアプリやWebサイトが表示されるので、ここでは＜Webサイト＞をクリックします。

③ 「タブ名」を任意で入力します。タブに追加したいWebサイトのURLを入力し、＜保存＞をクリックします。

④ Webサイトがタブに追加され、チームのメンバーがすばやくアクセスすることができます。

第10章 | 疑問・困った解決Q&A

Section 68

誤ってメッセージを送ってしまった!

誤ってメッセージを送ってしまった場合、放置しておくとプロジェクトのミスなどにつながりかねません。そのようなことのないよう、誤ったメッセージはすぐに送信を取り消すようにしましょう。

メッセージを削除する

1. 誤って送ってしまったメッセージをクリックし、…をクリックします。

   ❶ クリックする
   ❷ クリックする

2. <削除>をクリックすると、メッセージが削除されます。

   クリックする

メッセージを編集する

1. 手順②の画面を表示し、<編集>をクリックします。

   クリックする

2. メッセージを編集します。✓をクリックすると、編集が完了します。

   ❶ 編集する
   ❷ クリックする

150

第10章 | 疑問・困った解決Q&A

Section

69

会議を円滑に進める
コツを知りたい!

ビデオ会議は離れたところにいる相手とも話し合いをすることができるのでとても便利です。ここでは、会議を円滑に進めるために、事前に準備してトラブルを防いだり、Teamsの機能を活用したりするコツを紹介します。

会議を円滑に進めるコツ

●発言するとき以外は、マイクをオフ（ミュート）にする

メンバーの誰かが発言している間は、自分のマイクをオフ（ミュート）にしておきます（Sec.26参照）。そうすることで余計な音が入ったり、音割れしたりするのを防ぐことができます。

●画面共有を使って説明をする

画面共有（Sec.30参照）を使うと、ファイル形式に依存することなく相互に資料を確認することが可能です。自分のパソコン上の操作を示したり、アプリやPowerPointを見せたりすることで視覚的に分かりやすい説明ができます。

●発言するときは挙手のアイコンを押す

複数人同士でビデオ会議を行う場合、誰が話しているのか画面では分かりにくいときがあります。また、相手の細かい表情を捉えることができないため、状況が分からず発言しにくいときもあります。そんなとき、挙手のアイコン（Sec.33参照）をうまく活用することで、発言しやすくなり、誰が話しているのかはっきりわかります。

●資料の用意をする

事前に共有された資料があるときは、ファイルをダウンロード（Sec.47参照）して印刷し、手元にある状態にしておくと、会議の話し合いにスムーズに参加できます。

●会議の参加メンバーでチームを作成する

あらかじめ会議に参加するメンバーでチームを作成（Sec.52参照）しておけば、会議当日に慌てて招集する必要がありません。また、会議の参加状況を確認する（Sec.32参照）こともでき、便利です。

第10章

疑問・困った解決Q&A

151

第10章 | 疑問・困った解決Q&A

Section

70

応答不可の状態でも
通知を受け取りたい!

「応答不可」とは、その名の通りチャットやビデオ会議に対して反応できない状態を指しますが、そのような状態であっても、特定のユーザーからの通知だけは受け取るようにすることが可能です。

通知を受け取るユーザーを設定する

① 画面右上のプロフィールアイコンをクリックします。

クリックする

② ＜設定＞をクリックします。

Microsoft Teams free

小 小島健
プロフィールを編集

● 連絡可能 ＞

☑️ ステータス メッセージを設定

🔖 保存済み

クリックする

⚙️ 設定

ズーム ー (100%) ＋ ⛶

組織を管理

キーボード ショートカット

③ <プライバシー>をクリックします。

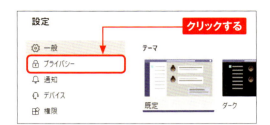

④ <優先アクセスを管理>をクリックします。

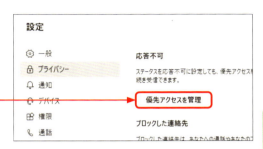

⑤ 「優先アクセスを管理する」画面が表示されたら、「名前または番号でユーザーを検索」にユーザー名か電話番号を入力します。

⑥ 表示された名前をクリックします。

⑦ 応答不可であっても、手順⑥でクリックしたユーザーからの通知を受け取ることができるようになります。

第10章 疑問・困った解決Q&A

153

第10章 | 疑問・困った解決Q&A

Section 71 会議のときにマイクがハウリングする!

ハウリングとは、ビデオ会議中にスピーカーから「キーン」という耳障りなノイズが聞こえてしまうことです。スピーカーから出ている音をマイクが拾ってしまうことが原因です。

ハウリングとは

ハウリングとは、スピーカーから出た音をマイクが拾っては増幅させることがくり返されて生じるノイズのことです。1人がハウリングしているとビデオ会議の参加者全員にノイズが届いてしまうため、スピーカーではなくヘッドセットを用いるなど、しっかりと対処しておきましょう。

ハウリングを防止するには

https://www.microsoft.com/ja-jp/microsoft-365/microsoft-teams/across-devices/devices/category?devicetype=36にアクセスすると、より快適にTeamsでビデオ会議を行うためのデバイスを確認することができます。

第10章 | 疑問・困った解決Q&A

Section 72 パスワードを忘れてしまった!

Teamsにサインインするときのパスワードを忘れてしまったときは、サインインのパスワード入力画面からパスワードのリセットを行うことができます。なお、パスワードをリセットするときは、本人確認のためのセキュリティコードが必要です。

パスワードをリセットする

① パスワード入力画面で、＜パスワードを忘れた場合＞をクリックします。

クリックする

② 本人確認のためのセキュリティコードを受け取る方法を確認し、＜コードの取得＞をクリックします。

クリックする

③ 受け取ったセキュリティコードを入力し、＜次へ＞をクリックします。

❶入力する

❷クリックする

④ 新しいパスワードを入力し、＜次へ＞をクリックすると、パスワードをリセットできます。

❶入力する

❷クリックする

155

第10章 | 疑問・困ったQ&A

Section 73 無料版から有料版にアップグレードしたい!

Teamsを無料版から有料版へとアップグレードするには、アプリ単体ではなく、Microsoft 365のアップグレード版を新たに契約する必要があります。ここではその方法を解説します。

Microsoft 365を契約する

① 「https://www.microsoft.com/ja-jp/microsoft-365/microsoft-teams/compare-microsoft-teams-options」にアクセスし、ここでは「Microsoft 365 Business Basic」の<今すぐ購入>をクリックします。

② アカウントのセットアップ画面が表示されたら、「メール」にメールアドレスを入力し、<次へ>をクリックします。

③ <アカウントのセットアップ>をクリックします。

④ 姓名、電話番号、会社名、地域を入力または選択し、<次へ>をクリックします。

⑤ 登録した番号宛にSMSで届いた確認コードを入力し、<確認>をクリックします。

❶ 入力する
❷ クリックする

⑥ ドメインを入力し<利用可能かどうかを確認>をクリックします。

❶ 入力する
❷ クリックする

⑦ <次へ>をクリックします。

クリックする

⑧ 名前とパスワードを入力し、<サインアップ>をクリックします。

❶ 入力する
❷ クリックする

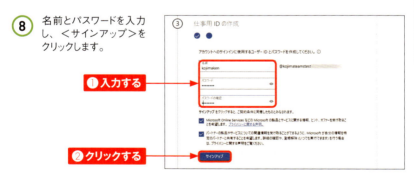

⑨ ユーザー数を入力し、請求プランをクリックして選択し、<次へ>をクリックします。支払いと請求画面が表示されたら、画面の指示に従って注文を完了します。

❶ 入力する
❷ クリックする
❸ クリックする

第10章 疑問・困った解決Q&A

157

索引

数字・アルファベット

1対1でチャット	54
2段階認証	88
Android版アプリで通知設定を変更	143
Android版アプリをインストール	135
Dropboxと連携	112
iOS版アプリで通知設定を変更	142
iOS版アプリの基本画面	136
iOS版アプリをインストール	134
Microsoft 365 Business Basic	13
Microsoft 365 Business Standard	13
Microsoft 365 E3	13
Microsoft Stream	67
Microsoftアカウント	10
OneNoteでメモを共有	110
Outlookで会議を予約	108
Outlookでメッセージを送信	108
Praise（賞賛）機能	55
Teams	8
Teamsモバイルアプリ	132
Together Mode	69
Trelloと連携	114
Zoomと連携	116

あ行

アカウントを作成	20
アカウントを設定	22
アップグレード	156
アナウンスを送る	44
アプリ連携	104

「いいね!」の種類	50
「いいね!」をする	50
絵文字を送る	38

か行

会議中の背景を変更	68
カメラのオン／オフを切り替える	64
基本画面	28
コマンド	147
コマンドの実行方法	147

さ行

在席状況の種類	56
在席状況を変更	57
自動起動をオフ	81
重要なメッセージを送る	40
受信したファイルを確認	43
出欠を確認	76
招待メール	18
ショートカットキー	146
所有者とメンバーの違い	129
組織	16
組織にメンバーを追加	118
組織のメンバーを削除	124

た行

タブ	149
チームとチャネル	16
チームにメンバーを追加	122
チームのメンバーを削除	126

チームやチャネルの表示を整理 ……………82	ファイルを送信 ………………………………42
チームをアーカイブ ………………………130	ファイルをダウンロード ……………………107
チームを作成 ………………………………120	ファイルをタブに追加 ………………………106
チャットを別ウィンドウで表示 ………………86	フィルター機能 ………………………………148
チャネル ………………………………………92	プライベートチャネル ………………………92
チャネルの投稿を制限 ………………………100	プライベートチャネルから脱退 ……………102
チャネルのメンバーを編集 …………………99	プライベートチャネルにメンバーを追加 ………96
チャネルのモデレートを設定 ………………101	プライベートチャネルを作成 ………………94
チャネルを削除 ………………………………102	ブラウザー版Teams …………………………15
チャネルを作成 ………………………………92	プロフィールを編集 …………………………26
チャネルをチームリストに表示 ………………32	保存したメッセージを閲覧 …………………53
チャネルを編集 ………………………………98	ホワイトボードを共有 ………………………74
通知の種類 ……………………………………84	
通知を設定 ……………………………………85	

| 特定のメンバーの状態通知を管理 …………85 |

ま・ら・わ行

	マイクのオン／オフを切り替える ……………65
	メッセージに返信 ……………………………36
は行	メッセージを検索 ……………………………48
	メッセージを削除 ……………………………150
ハウリング ……………………………………154	メッセージを装飾 ……………………………39
ハウリングを防止 ……………………………154	メッセージを送信 ……………………………35
パスワードをリセット ………………………155	メッセージを編集 ……………………………150
パソコンの画面を共有 ………………………73	メッセージを保存 ……………………………52
ビデオ会議 ……………………………………60	メッセージを読む ……………………………34
ビデオ会議画面の構成 ………………………61	メニューバー …………………………………29
ビデオ会議中にチャット ……………………70	メンションの種類 ……………………………47
ビデオ会議中に手を挙げる …………………78	メンションを設定 ……………………………46
ビデオ会議に招待 ……………………………62	メンバーの役割を変更 ………………………128
ビデオ会議を録画 ……………………………66	モデレーター …………………………………101
ファイルを共同編集 …………………………106	ライセンス ……………………………………12
	ワークスペースを表示 ………………………33

159

お問い合わせについて

本書に関するご質問については、本書に記載されている内容に関するもののみとさせていただきます。本書の内容と関係のないご質問につきましては、一切お答えできませんので、あらかじめご了承ください。また、電話でのご質問は受け付けておりませんので、必ずFAXか書面にて下記までお送りください。

なお、ご質問の際には、必ず以下の項目を明記していただきますようお願いいたします。

1 お名前
2 返信先の住所またはFAX番号
3 書名
　（ゼロからはじめる Microsoft Teams 基本＆便利技）
4 本書の該当ページ
5 ご使用のソフトウェアのバージョン
6 ご質問内容

なお、お送りいただいたご質問には、できる限り迅速にお答えできるよう努力いたしておりますが、場合によってはお答えするまでに時間がかかることがあります。また、回答の期日をご指定なさっても、ご希望にお応えできるとは限りません。あらかじめご了承ください。お願いいたします。ご質問の際に記載いただきました個人情報は、回答後速やかに破棄させていただきます。

お問い合わせ先

〒162-0846
東京都新宿区市谷左内町 21-13
株式会社技術評論社　書籍編集部
「ゼロからはじめる Microsoft Teams 基本＆便利技」質問係
FAX番号　03-3513-6167
URL：https://book.gihyo.jp/116/

■ お問い合わせの例

FAX

1 お名前
　技術 太郎

2 返信先の住所またはFAX番号
　03-XXXX-XXXX

3 書名
　ゼロからはじめる
　Microsoft Teams
　基本＆便利技

4 本書の該当ページ
　40ページ

5 ご使用のソフトウェアのバージョン
　Android 10

6 ご質問内容
　手順2の画面が表示されない

ゼロからはじめる Microsoft Teams 基本＆便利技

2020年9月30日　初版　第1刷発行

著者	リンクアップ
発行者	片岡 巌
発行所	株式会社 技術評論社
	東京都新宿区市谷左内町 21-13
電話	03-3513-6150　販売促進部
	03-3513-6160　書籍編集部
編集	リンクアップ
担当	渡邉 健多
装丁	菊池 祐（ライラック）
本文デザイン	リンクアップ
DTP	リンクアップ
撮影	リンクアップ
製本／印刷	図書印刷株式会社

定価はカバーに表示してあります。

落丁・乱丁がございましたら、弊社販売促進部までお送りください。交換いたします。
本書の一部または全部を著作権法の定める範囲を超え、無断で複写、複製、転載、テープ化、ファイルに落とすことを禁じます。

© 2020 リンクアップ

ISBN978-4-297-11544-9 C3055

Printed in Japan